生活小妙招

陆薇薇◎主编

中国画报出版社·北京

图书在版编目（CIP）数据

生活小妙招 / 陆薇薇主编. -- 北京 : 中国画报出版社, 2025. 6. -- ISBN 978-7-5146-2533-2

Ⅰ. TS976.3

中国国家版本馆 CIP 数据核字第 2025HA0326 号

生活小妙招

陆薇薇 主编

出 版 人：方允仲

责任编辑：吴 凡

内文设计：文贤阁

责任印制：焦 洋

出版发行：中国画报出版社

地 址：中国北京市海淀区车公庄西路33号 邮编：100048

发 行 部：010-88417418 010-68414683（传真）

总编室兼传真：010-88417359 版权部：010-88417359

开 本：16开（160mm×230mm）

印 张：10

字 数：93千字

版 次：2025年6月第1版 2025年6月第1次印刷

印 刷：三河市金兆印刷装订有限公司

书 号：ISBN 978-7-5146-2533-2

定 价：58.00元

生活小妙招

生活处处皆学问，小小的妙招能为我们带来大大的便利与惊喜。翻开这本书，就是打开了一个“生活知识百宝箱”。

我将先带你一起探索饮食妙招。从如何挑选新鲜食材，到如何处理食材，最后烹饪出美味又健康的佳肴，让每一餐都成为滋养身心的盛宴。你会发现，原来做饭也可以是一种享受，一种智慧。

我还会分享居家生活中的小窍门，让你的生活变得更加便捷、舒适。比如怎样高效收纳，怎样轻松应对各种顽固污渍，怎样让家用电器省电，怎样让房间保持干净卫生，怎样给宠物洗澡，特定布料的衣物怎样清洁、保养，选择什么样的衣服能掩盖一些身材上的不足，怎样选择新鲜、优质的蔬果、肉蛋奶、酒水饮料等等。虽然都是一些简单的小技巧，但或许就能解决你生活中的大烦恼。

此外，我还会分享一些运动、美容方面的妙招，帮助你在忙碌的生活中找到适合自己的锻炼方式和美容技巧，让你由内而外散发美丽。

本书精选的小妙招，与日常生活息息相关，是无数人的经验总结和生活智慧，实用、好用。为了让阅读过程不枯燥，书中还穿插了有趣的漫画。希望你能把本书放在枕边、案头，当成你的贴身“家庭小顾问”，让你收获满满的生活智慧，发现更多的生活乐趣。

目录

CONTENTS

第一章 日常饮食妙招

第二章 居家生活有门道

第三章 用得到的清洁技巧

第四章 服饰穿搭的妙招

第五章 消费选购妙招

第六章 运动健身的妙招

第七章 保健美容妙招多

第八章 休闲生活很美妙

第九章 节能省钱环保妙招

第一章

PART 1

日常饮食妙招

果蔬储存小窍门

合理储存水果和蔬菜，能延长其保鲜期，最大限度保留营养价值。以下果蔬储存技巧值得收藏。

1 叶类蔬菜水分较多，建议不要装进塑料袋，而是用湿润的牛皮纸将蔬菜包起来，放进冰箱冷藏室或0℃保鲜层。

2 根茎类蔬菜如土豆、葱姜蒜等，一般不需要放进冰箱。只需存放在阴凉干燥处即可，在冷藏室中反而容易引起霉变、发芽。

3 菌菇类用纸袋装好，放进冰箱或干爽的地方，可保存1周。长时间保存不要用塑料袋或保鲜膜包裹，容易变质。

4 瓜茄类蔬菜直接用保鲜袋包裹好，放在阴凉通风的地方即可，茄子可保存10天左右，瓜类保存时间更长。

5 苹果、柚子、橙子、香蕉等耐储存的水果，可常温通风保存。草莓、葡萄、樱桃、梨等易腐烂的水果，则应放入冰箱冷藏。

怎样防止粮食生虫

储存粮食时，防止生虫是确保粮食品质和饮食安全的重要环节。下面的方法，可有效预防粮食生虫。

1 把晾干的大米装入透气性较小的食品级塑料袋中，扎紧袋口，放在阴凉干燥处。

2 在储存容器中加入花椒、大蒜、干姜、茴香、八角等天然香料，这些材料具有天然的驱虫效果。

3 把大米装到密封的塑料袋中，冷冻24小时后取出，放在阴凉处自然解冻。

4 在储存容器表面涂抹植物油，可防止蚂蚁、跳蚤等小虫入侵。

5 柿饼、桔梗等是天然杀虫剂，选取一种放在储存粮食的容器中，能有效驱虫。

6 定期清洁存放粮食的容器并晾晒，可防止滋生霉菌和虫卵。

小贴示

如果粮食已生虫，应先把虫子和虫卵去除干净，再使用上述方法驱虫，才能有效。

如何洗涤蔬菜

清洗蔬菜是确保食品安全和健康的重要步骤，能保证入口的蔬菜无害、营养。可以试试下面的方法。

1 叶类蔬菜用清水冲洗，并轻搓表面，可去除污垢和农药残留。

2 花菜、西蓝花等蔬菜，可先掰成小朵，再用清水浸泡15分钟，然后用流水冲洗，进一步减少污垢。

3 把蔬菜放入1%～3%的食用碱溶液或淘米水中，浸泡5分钟左右，再用清水冲洗，可有效去除农药残留。

4 瓜茄和根茎类蔬菜，可在流水之下用蔬菜清洁刷进行刷洗。

5 对于豇豆和芹菜类蔬菜，可以先浸泡5～10分钟，去除农药残留，再用清水冲洗。

快速剥蒜皮有技巧

剥蒜皮常被视为烹饪中的麻烦事，费时费力，还手疼，但掌握以下技巧，可使这一过程轻松快捷。

1 大蒜放入水中浸泡约10分钟后，蒜皮会变得松软，更易剥离。

2 把大蒜掰成蒜瓣，放进一个大口的塑料瓶中，用力摇晃数十秒，蒜皮会因碰撞而脱落。

3 把蒜瓣放在案板上，用刀侧轻拍，使蒜皮松动，然后轻松剥离。

4 用啤酒瓶盖的凹槽来剥蒜皮，非常轻松。

怎样快速给板栗去壳

板栗美味可口，但去壳的过程总是让人头疼。以下方法可以让你轻松剥离板栗外壳。

1 把板栗放进沸水中浸泡约5分钟，取出后放进冰水中泡10分钟，外壳容易变硬，方便剥除。

2 在板栗表面切一个小口，放进微波炉中高温多次加热，每次30秒，取出后外壳和内皮均容易剥离。

3 把板栗冷冻2个小时，取出后稍微解冻，用手按压壳体，外壳会裂开，易于剥离。

4 把煮熟的板栗放凉，用筷子插入板栗底部，用力一撬，板栗肉即可完整取出。

小贴示

剥好的板栗可放入盐水中浸泡，防止氧化变色。

切洋葱也可以不流泪

洋葱被切开时会释放一种名为“硫代丙醛 -s- 氧化物”的物质，刺激眼睛，引起流泪。以下方法可帮助减少或避免切洋葱时流泪。

1 切洋葱前嘴里含一口水，能抑制泪液分泌。

2 切洋葱前，把它放入冰箱冷藏 30 分钟。低温可减缓酶的活性，减少刺激性气体的释放。

3 把洋葱放入微波炉中加热几分钟，有助于挥发洋葱中的辣味。

4 戴上泳镜切洋葱，能完全隔绝刺激性气体，保护眼睛。

5 切洋葱时咀嚼口香糖，可以通过增加口腔内的气流，减少刺激性气体进入眼睛。

小贴示

戴上泳镜后可能会影响视线，所以需特别注意，不要切到手。

切肉有方法

切肉的方式直接影响菜肴的口感和质地。掌握正确的切肉技巧，可使烹调事半功倍。

1 牛肉：应逆着肉的纹理切片，即刀与纤维纹理呈90度，这样切出的肉更易咀嚼。切肉前可先把牛肉冷冻一会儿。

2 猪肉：顺着纹理切片，使刀与纤维平行，切出的肉片纹路呈“川”字状，烹饪时不易散。

3 鱼肉：可从尾部向头部切，然后去掉肋骨刺，剩下鱼肉。再用刀面紧贴鱼肉片切，这样切出的鱼肉片好看、易熟。

小贴示

把肉类放进冰箱冷冻，半硬的时候再做切割，可使肉片更薄更均匀，方便烹饪。

如何发面

发面是制作面食的前提，掌握正确的方法可以使面食松软可口。

1 取适量酵母粉（一般为面粉重量的0.3%～0.5%），加入约30℃的温水中搅拌均匀，静置3～5分钟。

2 和面的水温以28℃～30℃为宜，面粉和水的比例约2:1。

3 先将面粉搅和成絮状，进一步揉成光滑的面团，确保面团表面光滑滋润，不粘手。

4 温度 30℃ ~ 35℃，湿度 70% ~ 75%，是比较好的发酵环境。发酵 30 分钟左右，以提高成品的松软度。

5 把发酵后面团内的空气揉出去，再将面团放在密封容器中，室温下继续发酵 30 分钟。

巧妙去除鱼的腥味

鱼肉富含优质蛋白质，但腥味却实在让人生厌。以下方法可有效减少鱼腥味。

1 烹饪前，用料酒腌制鱼肉，可以去除一部分腥味。

2 烹饪过程中，加入适量的葱、姜、蒜等香辛料，可以有效掩盖和去除鱼腥味。

3 烹饪时加入适量的醋、柠檬汁等酸性调料，可以中和鱼肉中的三甲胺，达到去腥效果。

4 炖煮鱼时，可以加入些许酸菜、香草、胡椒等辅料去腥。

5 购买时注意看鱼眼是否明亮，鱼鳃是否鲜红，肉质是否紧实。

制作泡菜的小技巧

泡菜是一种简单快捷的美食，在家制作泡菜非常方便。以下是制作泡菜的几个小技巧。

1. 泡菜的酸度可用盐来中和，咸度可用糖来中和，脆感可用白葡萄酒来提升。口味过重，均可适量加入这些调料。

2. 腌制辣椒时，不要放入姜，否则影响泡菜味道。

3. 建议使用含碘的泡菜盐，更有利于发酵。

4. 先把泡菜容器晾干，再放入辣椒或蔬菜，避免水分过多影响发酵效果。

小贴示

如果没有泡菜坛子，用密封性好的容器也可以。

烹饪鸡蛋的妙招

鸡蛋烹饪方法多样，为你介绍几种既常见又美味的方法。

1 西红柿切块，鸡蛋打散。把鸡蛋炒至凝固后取出，再加入食用油炒西红柿，最后倒回鸡蛋，放入盐和糖翻炒均匀。

2 鸡蛋液中加入少许牛奶，再搅拌均匀，可使炒蛋更松软。锅中加少许油，油热后，倒入蛋液，待稍凝固后，用铲子轻推，形成柔软的蛋块，口感会更滑嫩。

3 鸡蛋和温水按 1:15 的比例混合，搅拌均匀后放进蒸锅，中火蒸 8 ~ 10 分钟。蒸好的鸡蛋羹上放少许生抽和香油即可享用。

4 煎一个荷包蛋，把豆腐切块后焯水。锅中加油，放入生抽、清水和少量葱姜，炖煮豆腐。然后放入荷包蛋，再炖 5 分钟，这样一个荷包蛋炖豆腐就做好了。

5 锅中加水至微沸，加一点醋搅动，小心打入鸡蛋煮 3 分钟左右，当蛋白凝固，蛋黄呈溏心状，即可捞出。

做炒饭的小妙招

炒饭是一道简单又美味的主食，怎样做才能让炒饭粒粒分明、香气扑鼻呢？

1 隔夜米饭水分较少，颗粒分明，适合炒饭。如果使用新煮的米饭，建议煮饭时减少水量，煮好后摊开晾凉，使米粒干爽。

2 蛋清中加入少量清水，倒入米饭中拌匀，使每粒米饭都沾上蛋液。这样炒出的蛋炒饭比较松软，口感更好。

3 把葱花、火腿、蔬菜丁等配料炒熟盛出后，再炒饭，最后把配料与米饭混合翻炒均匀，确保口感丰富。

4 炒饭时，保持大火，快速翻炒，使米饭受热均匀，防止粘锅。全程需不停翻动，直至米饭松散、香气四溢。

如何做好饺子馅

饺子馅的调制直接影响饺子的口感和风味，以下是制作鲜嫩多汁饺子馅的几个关键步骤。

1 把葱姜切成片后，放进水里泡30分钟，用泡好的葱姜水拌肉馅，可去腥。

2 调馅时，朝一个方向搅拌，使肉馅上劲、抱团。

3 调馅时需加水，建议每200克肉馅加100毫升水，边搅拌边加，当肉质蓬松饱满，且色泽由深红转为浅粉时即可。

4 蔬菜切碎拌入肉馅前用油拌匀，防止出水过多，影响口感。

掌握火候很重要

掌握烹饪火候是制作美味佳肴的关键。火候取决于火力的强弱。

1 旺火是最强的火力，适用于需要快速烹制的菜肴，在缩短烹饪时间的同时，减少营养流失，保持食材的鲜嫩口感。常用于熘、炒、烹、炸、爆、蒸等。

2 中火又称文武火，火色呈黄红色，热力适中，适合用于煮、炸、熘等烹饪方式，能在保证食材熟透的同时保留其风味。

3 小火也被称为文火、慢火或温火，火焰较小，适用于需要慢炖或软嫩口感的菜肴，如煎、贴、烧等烹饪方法。

4 微火火光暗淡，呈暗红色，常用于长时间炖煮、使食材酥烂入味的烹饪方法，如炖、焖等。

如何煲一锅好汤

煲汤是一门讲究技巧的烹饪艺术，掌握以下要点，你也能煲出鲜美的好汤。

1 把肉类食材放入冷水中加热，可增加汤的鲜美度。

2 煲汤时，应根据食材重量，按 3～5 倍的比例一次性加足水。

3 初始用大火将汤煮沸，撇去浮沫后转小火慢炖。

4 煲汤时间控制在 2 小时内，时间过长会导致食材中的营养受损。

5 调味品应在出锅前的几分钟放入，避免过早加盐导致肉质变硬，影响汤的鲜美。

小贴示

煲汤过程中，保持锅盖微开，有助于挥发异味，保持汤汁清香。此外，选用质地细腻的砂锅，有助于均匀受热，提升汤品质量。

如何给菜肴提香增香

提升菜肴的香味，可以增加食欲，让用餐体验更加愉悦。

1 炝锅：在烹饪开始时，使用具有挥发性香味的香辛料，如葱、姜、蒜等，在热油中爆香。

2 点香：出锅前，加入少量香油、香菜、葱花或胡椒粉等调味品。

3 裱香：对于需要特殊浓烈香味的菜肴，如熏肉、熏鱼等，使用白糖、茶叶等材料，通过加热产生烟气，使食品带有独特的风味，还具有抑菌、抗氧化的作用。

4 提香：通过适当延长加热时间，使原料和调味料中的香味充分释放，产生理想的提香效果。

5 借香：利用其他食材的香味来提升主料的风味。

调味失误，调料来凑

在烹饪过程中，难免会出现调味失误的情况。掌握一些补救技巧，可以挽回菜品的味道。

1 盐放多了：如果菜品过咸，可加入适量的糖或白醋，以中和咸味。炖肉或煲汤过咸时，可放入洗净的生土豆块，煮一段时间后取出，也能吸收部分盐分。

2 糖放多了：当菜品过甜时，可适量加入盐或酱油，平衡甜味。

3 醋放多了：若酸味过重，可添加少量糖进行中和。同时，适当延长烹煮时间，让醋酸挥发，也能减轻酸味。

4 辣味过重：如果菜品过辣，可加入椰奶、牛奶或酸奶等乳制品，缓解辣味。

5 过焦：当菜品有焦煳味时，可将其放入沸水中，加入适量白酒，煮一段时间后捞出，再重新调味烹制。

小贴示

烹饪时应注意调料的添加顺序和时机。掌握调料的特性，合理运用，能有效避免调味失误。

冲泡茶水，温度有讲究

冲泡茶叶的水温对茶汤的口感和营养有重要影响。不同种类的茶叶，适宜的水温有所不同。

1 绿茶：绿茶是不发酵茶，茶叶细嫩，适宜用80℃左右的水冲泡。水温过高会破坏茶叶中的维生素C，茶汤变黄，味道较苦。

2 黄茶：黄茶的制作过程中多了一道闷黄工序，适宜用80℃～85℃的水温冲泡，水温过高会影响其独特的风味。

3 白茶：白茶适宜用85℃～90℃的水温冲泡。对于偏嫩叶的白茶，水温应适当降低；偏成熟叶的白茶，水温可以高些。

4 红茶：红茶是全发酵茶，适合用90℃～100℃的水冲泡。如正山小种，用煮沸后凉至90℃的水温冲泡，能激发茶香。

5 乌龙茶：乌龙茶半发酵，适宜用90℃～100℃的水冲泡。如铁观音，需用100℃的水冲泡，茶味浓郁，香气醇厚。

巧去羊肉的膻味

有时候，我们烹饪的羊肉总会有一股膻味，试试下面的方法，轻松去除膻味。

1 剔除脂肪法

羊肉的膻味主要来源于脂肪组织，如羊尾脂肪、皮下脂肪和羊皮脂腺等。初加工羊肉时，将肥瘦肉分开，剔除肌肉间带脂肪的筋膜，能有效减轻膻味。

2 萝卜除膻法

把白萝卜切成大块，戳几个洞，再和羊肉一起下锅煮。萝卜的吸附作用可以减少羊肉的膻味，焯水后将萝卜捞出丢弃即可。

3 米醋去膻法

将羊肉切块，加清水没过羊肉，倒入少许米醋，大火煮开后捞出羊肉，换清水继续煮，加其他调味料，可去除膻味。

4 香料去膻法

陈皮、绿豆、紫苏、山楂等香料碾碎后用纱布包好，与羊肉同煮，既能去膻，又能让羊肉更加美味。

5 茶叶去膻法

茶叶水或茶油与羊肉同煮时，可以给羊肉增添一股特殊的香气，可除膻味。若用茶叶，则注意适量，以免影响羊肉本味。

6 浸泡去膻法

把羊肉放入冷水中，每隔几小时换一次水，浸泡 2 ~ 3 天，可去除膻味，让肉味更加清爽。

自制可口的辣椒油

可口的辣椒油，是提升菜肴风味的好帮手。通过下面的方法，你可以轻松掌握制作的技巧。

1 选用优质干辣椒，去蒂去籽，研磨成粗颗粒的辣椒面。准备适量的白芝麻、花椒、八角、香叶等香料。

2 选择菜籽油或花生油，倒入锅中，加入花椒、八角、香叶等，小火加热，炸出香味。待香料呈金黄色时，捞出弃用。

3 将油加热至冒青烟，关火，静置约 1 分钟，在辣椒粉中加入三分之一的热油，搅拌。

4 再静置两分钟，倒入 1/3 热油搅拌，激发辣椒的红色素。最后静置 2 分钟，把剩余的热油全部倒入辣椒中搅拌。

小贴示

制作辣椒油时，油温控制至关重要，过高易炸煳，过低则香味不足。

第二章

PART 2

居家生活有门道

巧妙整理好衣橱

一个整洁有序的衣橱不仅能提升生活质量，还能让日常穿搭更加轻松高效。

1 将衣物按类别分开，再根据季节、颜色或使用频率细分。

2 充分利用衣橱的垂直空间，安装多层隔板或使用悬挂式收纳袋，增加储物空间。

3 使用薄型防滑衣架，既能防止衣物滑落，又节省空间。避免使用体积大的木质或塑料衣架，占用过多空间。

4 每隔一段时间，对衣橱进行清理，淘汰不再穿的衣物。

5 根据身高、穿衣习惯和日常行动路线，对衣柜进行分区，为每类衣物分配专属区域。利用收纳盒、抽屉分隔板等工具，将小件物品分类存放，避免混乱。

卧室收纳有窍门

卧室东西多，空间不够用，怎么办？别烦恼，学学下面这几招吧！

1 充分利用床下空间，存放换季衣物、鞋子或不常用的物品。使用带轮子的收纳箱，方便拉出取用。

2 在墙面安装隔板或挂钩，用于摆放书籍、装饰品或悬挂衣物、包袋。注意隔板高度，方便拿取。

3 飘窗下方的低柜空间，也可以开拓出来，做杂物收纳。

4 在卧室门或衣柜门后安装挂钩或悬挂式收纳袋，用于存放帽子、围巾、包等小物件，方便取用且节省空间。

冰箱空间的收纳

合理收纳冰箱，既能提高空间利用率，又能延长食物保鲜期。这些实用技巧统统拿去！

1 把食物分类，如蔬菜、水果、肉类、乳制品等，分区存放。

2 收纳盒或食物包装上贴上标签，注明名称和存放日期，便于识别和管理，防止食物过期。

3 冰箱门板适合存放调味品、饮料等小件物品。

4 生鲜食品和熟食应分开存放，避免交叉污染。熟食应尽快食用。

小贴示

通过合理分区、密封分装和动态管理，既能提升冰箱利用率，又能保障食材新鲜度，是一举两得的好方法。

厨房的收纳

一个整洁有序的厨房能提升烹饪效率和乐趣，以下是一些实用的收纳技巧。

1 在墙面安装隔板或挂钩，用于悬挂常用的锅具、刀具或餐具，既方便取用，又节省台面空间。

2 在抽屉内使用分隔板或收纳盒，将餐具、调料等分类存放，避免混乱，方便查找。

3 在橱柜内增加可调节的层板或置物架，充分利用垂直空间，存放不同高度的物品，如锅具、碗碟等。

4 水槽下、油烟机上，使用吊柜或底柜，放置常用的锅具。

5 利用碗架收纳碗碟等，有序分类，分层收纳，方便拿取。

居室空间怎样多一点绿化

在室内摆放绿植，不仅能美化环境，还能净化空气，提升生活品质。试试下面的方法，给你的房间多一点绿化。

1 在玄关处摆放一盆绿植，能为家中增添一抹清新的气息。

2 客厅作为家人聚集的核心区域，适合摆放一些大型绿植，以提升空间氛围。也可以把多种绿植组合在一个花架上。

3 在餐桌旁放几个小型盆景，能增添餐厅的绿意，还可营造愉悦的用餐氛围。

4 在卧室摆放一些有助于睡眠的绿植，如芦荟或薰衣草，可以提升睡眠质量。

5 在阳台或窗台放置喜阳的植物，如向日葵、玫瑰、茉莉或蔷薇，利用不同高度和种类的绿植，营造出层次感。

小贴示

可选择耐湿的植物放进浴室，增添舒适的沐浴环境。

如何整理收纳儿童玩具

儿童玩具整理收纳得好，不仅可以保持房间整洁，还能培养孩子整理收纳的好习惯。

1 根据孩子的年龄和身高，合理设计收纳柜或隔板的高度，确保孩子能够轻松拿取物品，培养他们的独立性。

2 除了储物柜，还可以选择小巧轻便的收纳筐或收纳箱。

3 如果玩具较多，可以利用衣柜顶部、床底等闲置空间，选择大小合适、外观整洁的收纳盒，既节省空间又美观大方。

4 可以在门后、衣柜侧面或墙面等容易被忽略的地方，安装粘钩或悬挂收纳袋，收纳零散的小物品。

5 如果家里毛绒玩具较多，可以从天花板垂下一根链条，把玩具成串悬挂起来。

不同衣物，不同叠法

正确的衣物折叠方法不仅能节省空间，还能保持衣物平整，方便取用。以下是针对不同类型衣物的折叠技巧。

1 把T恤和衬衫平铺，袖子向内折叠，使衣身呈长方形。再自下而上分段折叠，形成一个可直立的小方块。

2 把裤子对折，使两裤腿重合。再将裤腿部分向上折叠至裤腰处，形成一个紧凑的长方形。

3 把毛衣底部向上折叠1/4，然后将毛衣横向对折，左右两侧对称。再把袖子对折两次，最后把袖子塞入毛衣内，整理平整即可。

4 把棉衣底部由内向外折叠，袖子对折后，将帽子与袖子一起折叠，最后塞入衣服内部，使棉衣整齐收纳。

5 内衣可将肩带和杯罩向内折叠，形成小方块，避免变形。袜子可对折后，从袜口向下卷起，形成一个紧凑的小卷。

小贴示

想办法把衣物变成长方形，使得高度、宽度适合收纳空间，是很好的方法。

怎样选择壁纸

选择合适的壁纸可以提升家居的整体美感和舒适度。以下妙招快快用上。

1 壁纸的材质多种多样，包括纸面、胶面、自然纤维、玻璃纤维等。可以通过撕扯和燃烧来测试壁纸的质量：优质壁纸通常有两层结构，燃烧时不会产生浓烟或刺鼻气味。

2 应选择耐看、实用且与整体家装风格相协调的壁纸，避免选择表面过于亮眼的款式。

3 关注壁纸的环保等级，选择无毒、无异味的产品，确保家人健康。购买时可查看产品的环保认证标志。

4 根据房间的使用频率选择耐磨、易清洁的壁纸。如走廊、儿童房等区域，可选用耐擦洗的壁纸，方便日常清洁。

5 通过触摸壁纸表面，感受其质地。优质的壁纸手感柔软、密度适中，既美观又耐用。

发生火灾时的逃生妙招

火灾突发时，保持冷静并采取正确的逃生措施至关重要。以下是一些实用的逃生技巧。

1 一旦发现火情，立即沿安全通道撤离，切勿因取物品而耽误逃生时机。

2 用浸湿的衣物遮盖头部和身体，同时用湿毛巾捂住口鼻，弯腰或匍匐前进，以减少吸入有毒烟气的风险。

3 火灾时，电梯可能因断电或受热停运，应选择楼梯逃生。

4 住在高层，可在窗口、阳台、房顶、屋顶或避难层向外大声呼叫，敲打金属物件、投掷细软物品，夜间可用手电筒、打火机等物品发出求救信号。

5 根据风向，迅速逃到火场上风处，躲避火焰和烟气。

6 如果衣物因静电或吸烟不慎起火，应立即脱下或撕掉衣物，或者就地缓慢翻滚以压灭火源，但避免滚动过快。

煤气中毒的预防和急救方法

冬季取暖时，不充分燃烧的天然气或木炭会产生一氧化碳，吸入过多会导致一氧化碳中毒甚至死亡。因此，学习一些预防和急救方法至关重要。

1 尽量避免在室内用煤炭炉取暖、制作炭火锅或炭烧烤等。如果必须使用炭作为燃料，务必确保通风良好。

2 需定期检查燃气管道是否老化、漏气，烹饪时注意防止火焰意外熄灭导致煤气泄漏。

3 不要使用超期服役的热水器。安装热水器时，应聘请专业人士操作，切勿自行安装、拆卸或改装。冬季洗浴时，保持浴室通风，避免长时间紧闭门窗。

4 闻到燃气味后，切勿开灯、触碰门铃或点燃明火，以防爆炸。应立即打开门窗，确保呼吸到新鲜空气。

5 若有人一氧化碳中毒，应把中毒者安置为侧卧位，松开衣领，确保其呼吸道顺畅。密切观察患者的意识、呼吸和脉搏情况。若患者呼吸心跳停止且无人协助，施救者应在做心肺复苏的同时，尽快拨打急救电话，把患者送往医院。

妙用吸尘器

吸尘器是家庭常备的清洁用具，但除了吸尘，它还有很多妙用，你都会用吗？

1 沙发的缝隙里容易藏污纳垢，可以用吸尘器配合细长吸嘴，轻松清理掉灰尘、食物残渣等杂物，让沙发保持干净整洁。

2 用吸尘器定期清洁床垫表面，不仅能吸除灰尘，还能减少尘螨的滋生，对过敏体质的家庭成员尤其重要。

3 收纳厚衣物时，把衣物放进密封袋，用吸尘器抽走空气，袋子瞬间变扁，这样做不仅能节省空间，还能防潮。

4 吸尘器能清理宠物掉落的毛发，帮宠物“按摩”。使用前记得调低吸力，并搭配宠物毛刷一起用，避免毛发乱飞。

5 如果小物件掉进手难以触及的地方，可用吸尘器吸出。记得在吸嘴上套一层薄纱，以免小物件被吸进去。

6 窗帘和墙面容易积灰，用吸尘器加上毛刷头，从上到下轻轻吸尘，比手洗省力得多，效果也更好。

小贴示

使用吸尘器时，应定期清理滤网，确保吸力强劲。遇到液体泄漏时，不要用普通吸尘器清理，以免损坏机器。

手机进水了怎么办

手机进水是常见的小意外，正确处理可以大大降低损坏概率。

1 如果水没有滴入耳机孔、充电孔里，用纸巾擦干净就可以。

2 若中度进水后还能开机，应立即关机断电，防止电路短路。千万不要尝试继续操作或充电！

3 迅速拆下手机背壳、SIM 卡、内存卡等配件，让手机内部尽可能多地暴露在空气中，加快水分蒸发。

4 用干净的软布或纸巾轻轻按压手机表面，吸干外部水渍。不要用吹风机直吹，以免水分渗入内部。

5 若手机重度进水，不要按电源键开机，用干纸巾擦拭干净后送维修点检测。

浴室防滑措施如何做

卫生间里难免潮湿，家里如果有老人和小孩更容易滑倒，几个防滑小妙招为你送上。

1 铺设防滑地板

挑选有褶皱、条纹或凹凸点的地砖，可以增大地面与脚底的摩擦力，有效防滑。

2 铺设防滑地垫

如果卫生间地砖不防滑，可放置防滑地垫来补救。但防滑地垫需定期清洁，防止细菌滋生。

3 防滑拖鞋

防滑拖鞋轻便、防滑、有支撑力，是防止老年人摔倒的好工具。

4 防滑扶手

如果家里有老人，还需在卫生间安装防滑、防摔扶手，预防老人摔伤。

小贴示

也可以在地面喷洒防滑液，防滑液能够渗透到地面材料中的孔隙中，形成真空空间，增加鞋底与地面的摩擦力。

第三章

PART 3

用得到的清洁技巧

巧除衣物上的墨水

衣服不小心沾上墨水让人烦恼，处理不当可能会让污渍更难清除。以下方法可以帮你轻松去除墨水渍，让衣服恢复如新。

1 马上把衣物泡入冷水中，再用肥皂用力搓洗，慢慢就能洗干净了。如果墨水已经干了，可先用冷水泡，用肥皂搓洗，再用草酸溶液搓洗。

2 也可以把沾有墨水的部位在牛奶中浸泡 15 ~ 20 分钟，墨水会逐渐溶解在牛奶中。

3 用棉签蘸取医用酒精，由内向外轻轻擦拭墨水渍，注意不要用力过度以免损伤布料。

4 将等量的白醋和柠檬汁混合，涂抹在墨渍处，静置 10 分钟后用清水冲洗。

5 用淘米水浸泡一会儿，再用洗涤剂清洗即可干净如初。

巧除衣物上的酱油渍

酱油不小心滴在衣服上，是不是让人瞬间紧张？别急，酱油渍虽顽固，但只要掌握正确的方法，就能轻松去除，让你的衣物恢复如新。

1 如果衣物上沾了酱油，可先把污渍处浸湿，再撒上一勺白糖，轻轻揉搓，最后用清水冲洗。

2 把衣物浸湿后，在沾有酱油渍的地方涂上苏打粉，10 分钟后用清水洗净。

3 将白牙膏和洗衣粉按 1:1 的比例混合（不要加水），直接涂在污渍上，等待 4 ~ 5 分钟后用手揉搓，最后用清水冲洗即可。

4 取适量洗衣液或中性肥皂涂抹在污渍处，用软毛刷轻轻刷洗。如果污渍较深，可以用小苏打和白醋混合涂抹，静置 5 分钟后再搓洗。

5 彻底漂洗：用清水冲洗干净后，如果是白色或浅色衣物，还可用少量漂白剂加强清洁效果。

小贴示

清理酱油渍最关键的是“快”，尽量在污渍未完全渗入纤维时处理。另外，不要用热水冲洗，否则污渍会固化，增加清洁难度。

灶台除油污，妙招来帮忙

每天做完饭，灶台总会沾满油污和食物残渣，如果不及时清理，台面上的污渍就会很难去除。以下简单几步就能让灶台恢复铿亮如新。

1 先用温热的湿布覆盖在灶台表面，静置5分钟，让黏附的油污软化。对于顽固污渍，可以喷洒少量白醋，等待发泡反应结束后，用软布轻轻擦拭，效果显著。

2 灶台的边角、缝隙往往是油污的“藏身地”。可用废旧牙刷蘸取小苏打溶液，刷洗这些不易擦拭的区域。如果灶台材质耐高温，也可以将温水倒入缝隙处，冲走隐藏污垢。

3 用干净的软布擦干灶台，再喷洒少量厨房专用清洁剂，贴上一层纸巾，静置十几分钟，再用软布擦拭，能让灶台焕然一新。

4 将牙膏涂抹在灶台上，用刷子或抹布擦拭，可以去除顽固污渍。

油烟机油盒清洗大作战

油烟机油盒的顽固油污因长期积累而难以去除，但只要方法得当，再顽固的油污也能轻松搞定。

1 把倒掉废油的油盒放进热水盆中，加入适量洗洁精和两勺小苏打，浸泡 10 分钟以上，让油污逐渐软化。难以完全浸泡到的部分，可以用湿布盖住。

2 浸泡后，用软毛刷或旧牙刷蘸洗洁精刷洗油盒内外，重点处理边缘和接缝处。对于残留的顽固油渍，撒少量食盐增加摩擦力后，再次轻刷，油污能很快被去除。

3 也可以在油盒内均匀撒上一层小苏打，随后倒入白醋，酸碱反应会产生气泡，助力油污软化，最后加入洗洁精和热水，浸泡数分钟后油污便可脱落。

4 清洗完成后，用清水彻底冲洗油盒，避免残留清洁剂。用干布擦干后，把油盒放在通风处晾干即可。

5 对于新沾的油渍，可先在上面撒些面粉，再用硬一些的纸片轻轻刮拭。油渍会附着在面粉上，把带油的面粉清除即可。

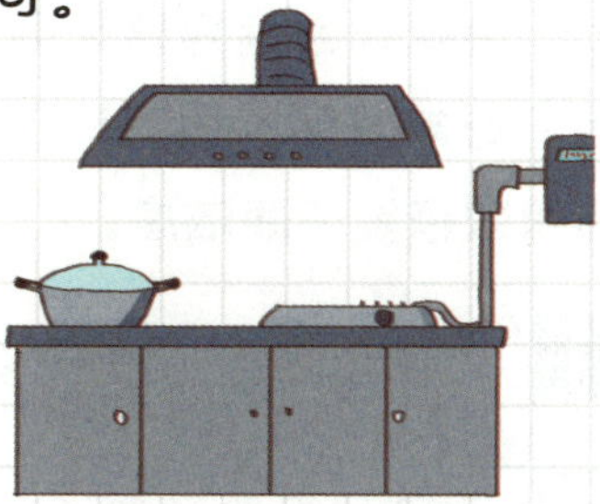

下水道堵塞怎么办

下水道堵塞是卫生间常出现的问题，遇到这种情况，切勿随意使用化学清洁剂，采用正确的方法可以轻松解决问题，恢复通畅。

1 倒半杯小苏打粉到下水道，再倒半杯醋，小苏打与醋产生化学反应后能有效去除管道中的黏稠物。

2 把一大块冰放入下水道，再用开水冲刷，堵塞物会被水流冲走。

3 倒入适量疏通剂，加水稀释，注意避免接触皮肤和衣物。

4 把火碱放入下水道口，倒入开水，这样头发等堵塞物会被火碱的化学反应烧掉。

墙壁脏了怎么办

墙壁作为室内最大面积的表面，容易沾染灰尘、手印和各种污渍，影响美观。根据墙壁材质和污渍类型，采取适当的清洁方法，可有效恢复墙面洁净。

1 灰尘和轻微污渍：使用软毛刷或吸尘器清除。

2 手印、铅笔印等，可使用橡皮轻轻擦除。

3 对于油渍，可用温肥皂水或稀释的白醋湿润软布后轻轻擦拭。

4 把白醋与水按 1:1 比例混合，喷洒在霉斑处，静置 15 分钟后，用湿布擦拭干净。

5 对于泛黄的耐水墙面，可用白醋与洗洁精的混合液或牙膏清洗，轻松恢复墙面的洁白。

怎样去除衣物的怪味、樟脑味

长时间存放的衣物可能带有怪味或樟脑味，影响穿着体验。学学下面这几招，可以帮你去除这些异味。

1 冰箱除味剂法：在大塑料袋中放入冰箱除味剂，再把叠好的衣物放进塑料袋密封，在阴凉处放 1 天。

2 吹风机法：把衣物放入大塑料袋中，通过吹风机的冷风或热风来去除异味。

3 加醋或牛奶法：在洗衣时加入少量醋或牛奶，醋的酸性或牛奶中的蛋白质能有效去除异味。真丝面料慎用此方法。

4 专业去味喷雾法：使用专业的去味喷雾，均匀喷洒在衣物上，然后晾干。

会保养，防止铁锅生锈

铁锅可是每个家庭的必备炊具，要想长久耐用就要防止它生锈。掌握这些防生锈的保养小技巧，让你的铁锅始终如新，用起来得心应手！

1 烹饪后，用温水和软布及时清洗铁锅，避免使用洗洁精或钢丝球，这会破坏锅表面的保护层。如果锅中有顽固残渣，可以用锅铲轻轻刮除，或用温水浸泡几分钟后清洗。

2 清洗后，用干净的布或厨房纸将锅内外彻底擦干。为防止残留水分导致生锈，可将锅放在火上小火加热数分钟，直到完全干燥。

3 在锅体完全冷却后，用纸巾蘸取少量食用油，均匀涂抹在锅内外表面。食用油能形成一层保护膜，有效防止铁锅生锈。

4 如果长时间不用铁锅，建议每隔一段时间检查锅内是否有锈迹，并重新涂抹油脂进行保养。

小贴示

新的铁锅使用前可以做开锅处理，即加热锅体后，用生姜或猪油擦拭，帮助形成天然的防锈层，以延长使用寿命。

怎样去除茶具中的顽固茶渍

茶杯、茶壶使用久了，内壁常会积累茶垢，既影响美观，又有可能危害健康。以下方法可帮助您轻松去除顽固茶渍。

1 用海绵、纱布或纸巾蘸取少量食盐，轻轻擦拭茶具内壁的茶渍。食盐具有良好的去污效果，能有效去除茶垢。

2 把小苏打粉末撒在湿润的茶渍表面，浸泡一夜，用软布或海绵轻轻擦拭，然后用清水冲洗干净。

3 金属制茶隔上的茶垢，可用醋或漂白剂浸泡，然后用软毛刷轻轻刷洗，最后用清水冲洗干净。

4 将茶具浸泡在温水中，加入少量洗洁精，静置十分钟，再用折叠好的锡纸擦拭茶具。

5 在茶具表面涂抹适量牙膏，再用干纸巾或抹布擦拭，茶渍消失后用温水冲洗干净即可。

白色衣物泛黄怎么办

白色衣物穿久了容易出现泛黄现象，影响美观。以下方法可帮助衣物恢复洁白。

1 把适量小苏打粉溶解于温水中，把白色衣物浸泡其中，静置 6 ~ 8 小时。然后用清水冲洗干净。

2 在温水中加入适量柠檬汁，把发黄的衣物浸泡 10 分钟左右，再按常规方法清洗即可。

3 把衣物在洗米水中浸泡并揉搓后洗净，衣物便能重现洁白。

4 先将 84 消毒液按比例稀释，再将衣物放入其中，建议佩戴手套操作。浸泡后，重点揉搓发黄部位，最后冲洗干净即可。

如何去除厕所臭味

卫生间的异味既影响家居环境，又会对健康造成影响。以下方法可有效去除厕所臭味，提升如厕体验。

1 在卫生间放一杯香醋，可有效消除异味。香醋的除臭效果通常可持续 6 至 7 天，建议每周更换一次，以保持最佳效果。

2 打开一瓶风油精，放置于卫生间角落，利用其浓烈的气味覆盖臭味。也可在地面上洒些花露水，效果相似。

3 活性炭可有效吸附空气中的异味分子，净化空气。定期更换活性炭包，确保厕所除臭效果。

4 把泡过的茶叶放在阳光下晒干，放在厕所里点燃，可以迅速去除厕所里的污浊空气。

5 喷入少量的空气清新剂，可以使厕所短暂的保持新鲜的气味。

6 柠檬是天然的除臭神器！把柠檬切片后晾干，放在卫生间里，不仅能防止霉菌滋生，还能有效去除异味。

如何去除屋内的异味

房屋内的异味，可能对健康产生不良影响，怎么办？别着急，以下方法可有效去除屋内异味。

1 把活性炭包放在家具、橱柜和房间的各个角落，尤其是异味较集中的地方。

2 摆放绿植，利用植物吸附部分异味，还能美化室内环境。

3 选择适当规格的净化器，有效过滤空气中的异味。

怎样给毛巾消毒

毛巾是日常生活中必备的清洁用品，但由于频繁使用，容易滋生细菌，影响健康。定期对毛巾进行消毒，可有效预防细菌滋生，确保使用安全。以下是几种常用的毛巾消毒方法。

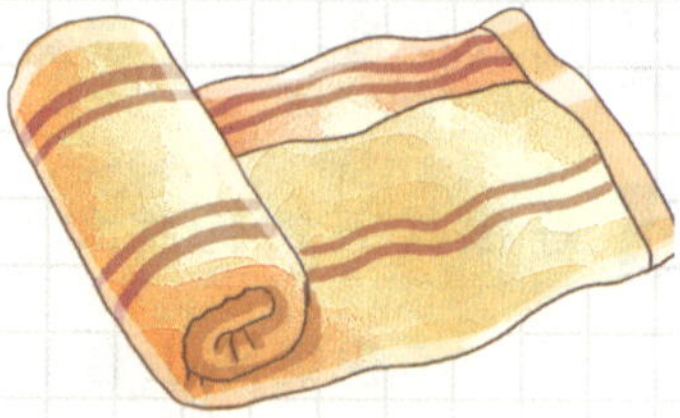

1 将毛巾放入沸水中煮沸约 10 分钟，再用肥皂水清洗，最后晾干，可有效杀灭毛巾上的细菌和病毒。

2 把清洗后的毛巾折叠整齐，放入微波炉中，加热 3 ~ 5 分钟，即可达到消毒效果。

3 先用洗衣液把毛巾清洗干净，再在稀释后的漂白水中浸泡 30 分钟，最后用清水洗净并晾干。

小贴示

建议每周对毛巾进行一次消毒处理，保持毛巾清洁卫生。同时，定期更换毛巾，避免长期使用导致细菌滋生。

衣服上有霉斑怎么办

衣物长时间处于潮湿环境，容易出现霉斑，影响美观和穿着舒适度。试试这些方法，可以有效去除衣服上的霉斑。

1 将酒精与水按 1:1 比例混合，制成 50% 的稀释溶液。将衣服的霉斑部分浸泡在溶液中，轻轻搓洗，再用清水彻底冲洗干净。

2 将新鲜的绿豆芽放在霉斑处，轻轻揉搓，利用绿豆芽的汁液分解霉斑。再用清水洗净。

3 把有霉斑的衣物放在阳光下暴晒，晒干后，用软刷轻轻刷去霉斑残留。

4 放入淘米水中浸泡一整夜，让米水中的蛋白质吸附霉菌。

给家具防蛀，延长使用寿命

家具常受蛀虫困扰，让人又爱又恨。别担心，以下几招帮你轻松应对蛀虫问题！

1 涂刷家具时确保油漆均匀，覆盖表面及家具内部。

2 把辣椒或花椒末塞入蛀孔，随后用开水冲注，利用高温和辣味驱虫。

3 把酒精和微量杀虫水调匀后滴入蛀孔，利用化学成分消灭蛀虫。

4 专用杀虫滴水液或药粉。按产品说明使用，直接滴入或撒入蛀孔，方便快捷。

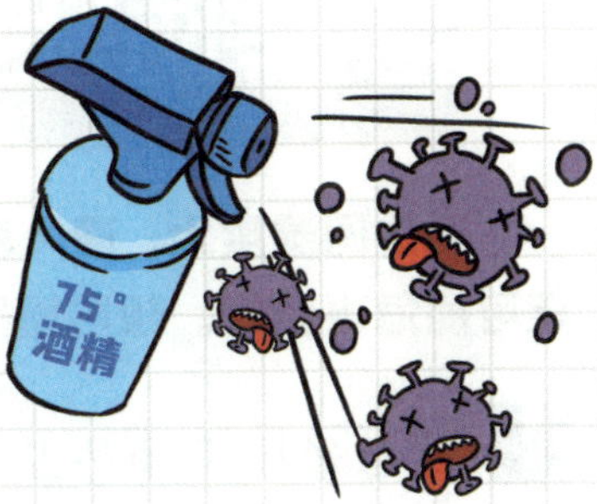

消除室内虫子

室内滋生虫子，既影响生活质量，还可能传播疾病。下面的妙招用起来，可有效消除室内虫子。

1 定期清理室内垃圾，尤其是腐烂的蔬菜水果，避免为小虫提供滋生环境。

2 将白醋与水按 1:1 比例混合，喷洒在蚂蚁、蟑螂等虫子经常出没的地方。

3 在虫子出没的区域放置香樟木条，其浓郁的香气能有效驱散各类小虫。

4 把酒精倒入喷壶中，喷洒在虫子频繁出没的区域。

小贴示

可采用“预防为主、治理为辅”的综合策略，在雨季前重点检查木质家具防蛀情况。

怎样防止卫生间墙壁发霉

卫生间湿度大、通风差，墙壁易出现发霉现象，不仅影响美观，还可能危害健康。预防墙壁发霉，可以试试下面的方法。

1 改善通风是预防卫生间墙面发霉的关键。只要天气条件允许，应经常开窗通风，保持通风口畅通。

2 一旦发现墙面有霉斑，应立即清除，建议每周至少清洁一次。

3 可以用一些吸湿材料控制室内湿度，也可用除湿机来去除多余的水分。

4 装修时，选用防水防潮的瓷砖或防霉涂料。

菜板怎样保持卫生

菜板是厨房中使用频率很高的厨具，其卫生状况直接关系到食品安全和家人健康。以下是一些实用的保持菜板卫生的方法。

1 用清水或温肥皂水彻底冲洗菜板表面的残留物和污渍，再用干净的布或海绵擦干。

2 把菜板置于通风良好的位置自然风干，避免阳光直射。不要放在潮湿环境中。

3 在菜板表面均匀涂抹一层食用油，以滋润和保护木质。再用干净的布或海绵轻拭。

4 定期用稀释后的84消毒液或漂白剂对菜板进行消毒（一般不超过30分钟），之后用清水冲洗干净，确保没有残留消毒剂。

怎样去除家具污渍

保持家居环境的整洁美观是我们的愿望，但家具清洁却让很多人头疼不已。别担心，以下几个让家具焕新的清洁小妙招，能轻松解决你的烦恼！

1 用毛刷蘸取稀释后的酒精轻轻刷洗沙发表面，再用吹风机吹干，既能清洁污渍，又能杀菌消毒，一举两得。

2 地毯上的汤汁千万别用湿布擦！先用干布吸干水分，再在污渍处撒上食盐，等盐吸收污渍后，用吸尘器吸走盐粒即可。

3 用一块干净的抹布蘸取牛奶，轻轻擦拭桌子、柜子等木制家具，再用清水擦一遍，去污效果非常好。

4 喝剩的茶水别倒掉，用湿纱布包裹茶叶渣，或直接用冷茶水擦拭家具，尤其是油漆表面的灰尘，能让家具更加光洁明亮。

5 冰箱外壳上的手印很难清理？试试牙膏吧！牙膏中的研磨剂去污力强，用软布蘸取少许牙膏擦拭冰箱表面，轻松去除顽固污渍，让冰箱恢复光洁。

6 在厨房墙面贴上一层保鲜膜，油污会附着在保鲜膜上。几周后只需撕下保鲜膜，换上新的一层，轻松省力。

如何清洗羊毛衫

羊毛衫质地柔软，保暖性好，但清洗不当容易变形或缩水。掌握正确的清洗方法，可延长其使用寿命。

1 使用专用的羊毛洗涤剂，避免使用强碱性的洗涤剂，以免损伤纤维。

2 手洗为宜：把羊毛衫翻至内侧，放入30℃以下的温水中浸泡10分钟。加入适量羊毛专用洗涤剂，轻柔按压，避免用力搓揉。

3 漂洗：用清水反复漂洗，直至洗涤剂完全清除。可在最后一次漂洗时加入少量白醋，帮助中和残留的洗涤剂，保持羊毛柔软。

4 脱水与晾干：洗净后，轻轻按压挤出多余水分，切勿拧绞。

将羊毛衫平铺在干净的毛巾上，卷起毛巾以吸收水分，然后平铺晾干，避免悬挂导致变形。

小贴示

羊毛衫应避免频繁清洗，建议每季清洗 1 ~ 2 次。存放时，确保干燥，避免受潮，并可放置防虫剂，防止虫蛀。

旧衣物巧改造

旧衣物通过巧妙的改造，可以被赋予新的生命，既环保又时尚。以下是一些创意改造方法。

1 把旧衣服剪成均匀的条状，归类放好。再像编麻花辫一样编织在一起。可用三股辫或更多股的编织方式，根据布条的数量和宽度灵活变化。编完后，用针线把编织好的布条一圈圈缝合固定。确保每一圈都紧密相连，这样就成了一个结实耐用的坐垫。

2 挑出好看的旧衣服，将布料剪成小块，再把这些布料并排缝制起来，就可以做成一块地毯。

3 在旧牛仔裤上剪下一块布，再把裤兜都拆下来缝在布料上，可以作为收纳袋。

第四章

PART 4

服饰穿搭的妙招

根据肤色，选择衣服颜色

不知道选什么颜色的衣服？下面的小技巧快学习一下，有惊喜哦！

1 皮肤偏黄：选黑白基础色，白色有反光效果能提亮肤色。此外，浅蓝色能让肤色显光泽。

2 皮肤白皙：尝试淡色系如淡黄、淡蓝色，还可选大红、深蓝等深色系。

3 皮肤黝黑：宜选暖色调弱饱和色或纯黑色，以绿、红、紫罗兰色为补充色。

4 小麦色皮肤：黑白对比很合适，深蓝、炭灰等沉实色彩及深红、翠绿。

5 皮肤粉嫩：可选丁香色、黄色等淡色，红棕配蓝绿也合适。

了解脚型，选择合适的运动鞋

不知道选什么样的运动鞋？快对照下方脚型，精准挑鞋吧！

1 平底脚：足弓较低或平坦，整个脚掌与地面接触面积较大，适合有弓形支撑的鞋。

2 高拱脚：足弓较高，中部脚掌的空隙较大，适合有足弓支撑的鞋垫加鞋底适中的鞋。

3 宽脚型：脚掌较宽，需要更宽的鞋来容纳脚掌，可选板鞋。

4 窄脚型：整体脚掌较窄，需要更合脚的鞋，适合窄版鞋和有调节扣的鞋。

5 足外翻：足部外侧着地，容易导致足弓较高，适合缓震性好且有足弓支撑的鞋。

戒指怎么选有讲究

戴戒指有何讲究？以下要点帮你轻松避开选戒指的雷区！

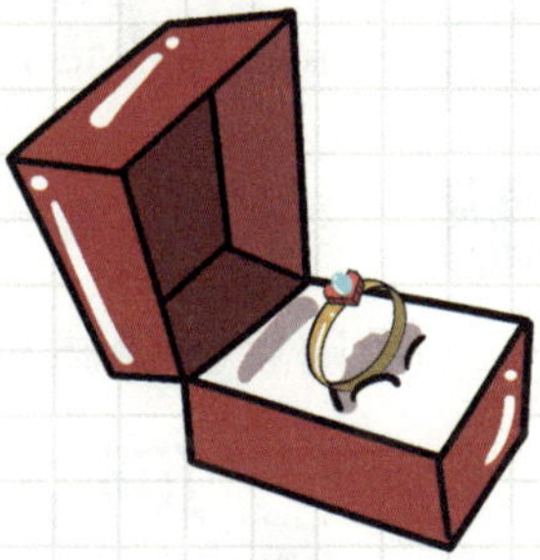

1 手指较短：适合戴细长款或有延伸感的戒指，如V字形或细长的直线型戒指。

2 手指较长：可选宽款或有设计的戒指。

3 手指不纤细：建议选细款或中等宽度的戒指。

4 手掌较宽：适合戴简洁大方的戒指，避免过于复杂的款式。

5 手掌较窄：可选有装饰性或宽款的戒指，增加视觉宽度。

小贴示

使用化妆品、香水等易挥发物品时，需取下戒指，以防氧化褪色。

职业男性穿搭技巧

职场中，男性如何穿出专业感？以下技巧帮你轻松搞定！

1 在同色系搭配上，选用层次搭配，如深蓝、蓝色条纹衬衫配上浅蓝斜纹领带；或用对比色搭配，如深蓝色西服、白色衬衫配上红色领带。

2 出席正式场合，选素色衬衣，衬衣袖口的纽扣扣好，袖口外露出 1 ～ 2 厘米。

3 衣服定期清洁，穿着前熨平整。

4 衬衣衣领不要太大，否则会显得松垮无形；裤腿不要过短，否则会显得腿短而重心过高。

职业女性穿搭技巧

女性若想在职场中穿着得体，掌握下面小技巧，为形象加分！

1 穿戴齐整：裤子要长至脚面，切忌内衣外露、挽袖、卷裤、漏扣等不雅状况。

2 笔挺：衣裤不发皱，穿前要熨平，裤线要挺括。

3 不要过于暴露，否则会给人留下“花瓶”的印象。

4 色彩：应以冷色调为主，借以体现出典雅、端庄与稳重。

5 符合身份：与职位较高的人会晤，适合穿着正式；与性格开朗的人接触，应穿得鲜艳些；对方若是较保守，穿着颜色忌张扬。

怎样防止鞋磨脚、夹脚

新鞋子磨脚、夹脚怎么办？下面的方法可以尝试一下。

1 用酒精或白酒浸湿一块棉花，然后将棉花包在磨脚处，用夹子固定，放置一晚。第二天再穿就不会磨脚了。

2 可以在鞋子后跟处贴上后跟贴，不仅防磨脚，还能让鞋子更加合脚。

3 磨脚处涂凡士林，放两天后鞋子会变得柔软光滑；或用面霜、肥皂、蜡烛在磨脚处涂抹薄薄一层，放置一晚上，鞋子就不容易磨脚了。

4 新鞋因小而夹脚，用湿毛巾捂湿，再用鞋撑将鞋子扩大一些，就会好很多。

高个子怎么穿更显身材

不同体型的高个子，穿搭都是有诀窍的。

1 梨型：肩窄臀宽，臀围大于肩围。建议适当增加肩部量感，打造腰部线条。

2 沙漏型：肩臀宽接近，腰围纤细。建议选线条感强的衣服，避免宽松版型单品。

3 苹果型：肩臀宽接近，腰围大于臀围。建议选简约设计的 H 型，凸显细腿。

4 H 型：肩腰臀接近，身体平直。建议扩充上下身量感，打造腰部线条，避免直上直下。

5 倒三角型：肩宽腰细，臀围小于肩围；建议上半身简约，打造下半身量感，凸显腰部线条。

小个子怎么穿显高

想在视觉上显高，参考下面的衣长尺寸穿衣服，有惊喜哦！

1 衬衫 / T 恤：约 63 厘米，宽松一点，不要超过 66 厘米。

2 卫衣：63 ~ 66 厘米，不要超过 66 厘米。

3 短外套：约 52 厘米，到腰下一点即可。

4 中长款外套：约 75 厘米，差不多到大腿中部。

5 长款大衣：约 100 厘米，不可超过 105 厘米。

6 长裤：约 93 厘米，若卷裤脚可以稍长一点。

7 短裙：38 厘米左右，不选超短裙，易显胖。

8 半身长裙：60 ~ 75 厘米，到小腿中间。

腰粗，怎样穿衣会显瘦

腰粗的人想要穿得时髦又显瘦，下面四个小技巧帮你轻松找回自信。

1 上下统一色调，尽量避开上深下浅，或上浅下深的断层式色彩搭配。

2 适当露肤（比如颈部、领口、手腕、四肢），上身适当提高腰线，轻盈又显瘦。

3 适当宽松的版型，加上稍微挺括的面料，避免穿太贴身的衣服。

4 A字裙或阔腿裤能够遮掩腰部赘肉、拉长腿部线条，视觉上显得更匀称。

小贴示

适当使用配饰，如腰带、项链、耳环等，可转移视线，增强时尚感。

上身胖如何穿衣

学会以下实用穿衣技巧，帮你摘掉上身胖的标签。

1 衣服选择V领口，凸显视觉延伸效果，还能将女性精致的锁骨展示出来，显瘦效果非常棒。

2 增加层次感显瘦。比如，白T恤叠穿连帽卫衣。

3 选弱化肩线的衣服，避免上半身视觉上显得过于宽大；不要选垫肩设计。

4 深色或冷色调有很好的收缩效果，会减少上身的视觉宽度。

5 避免在上身搭配如大领花、大胸针等装饰。

下身胖如何穿衣

下身胖如何穿衣显瘦？以下是一些实用的穿衣建议。

1 腰线：高腰线的衣服，能将视觉重心上移，拉长腿部比例，使整个人看起来更瘦、更修长。

2 面料：选针脚细密、设计上有支撑力的面料，加少许装饰，帮助你塑造更好的身形。

3 颜色：下半身选择深色系的裤子或裙子，显瘦效果更佳。浅色裤子会产生膨胀感，显得下半身更加粗壮。

4 版型：阔腿裤和 A 字裙是更好的选择。阔腿裤最好露脚踝，能增加腿部骨感，让身材看起来更轻盈。

怎样穿衣让脖子显得修长

以下方法能在视觉上有效拉长脖子线条，帮你消除短脖子的苦恼。

1 V 字领：V 字领的衣服能在视觉上拉长脖子线条，比圆领和高领的衣服更显脖子长。

2 U领：U领露出的锁骨面积比V领更大，能有效转移视线，掩盖短脖子的缺点。

3 方领：法式复古的方领在胸前形成直角，视觉上能拉长脖颈。

4 梯形领：上窄下宽的设计会让脖子显得更细长。

小贴示

选项链、长丝巾等配饰装饰脖子，呈现V字，可在视觉上拉长脖子。

选择适合自己的首饰

首饰搭配有技巧，助你穿搭更得体、更有气质。

1 肤色搭配：暖色调肤色选金色、铜色等暖色首饰，冷色调肤色选银色、白珍珠色等冷色调首饰。

2 脸型搭配：圆脸选长款、V字形、不对称首饰；方脸适合圆形、椭圆形、柔和曲线首饰；长脸适合短款、宽款、横向设计首饰。

3 身高搭配：高个子适合长款、大尺寸首饰；矮个子适合短款、细款、小巧首饰。

4 场合搭配：日常选择简洁、小巧、低调的首饰，可百搭；正式场合选择精致、优雅、有质感的首饰，提升气质。

如何去除皮鞋的异味

鞋子的异味让人很烦恼，掌握下面的方法轻松解决。

1 水加醋去味：用湿抹布每天擦拭几遍皮鞋，先用水擦，再用1:1稀释的白醋擦，能有效去除皮鞋异味。

2 使用皮革除味剂：喷上专门的皮革除味剂，皮鞋的异味很快就消失了。

3 生姜去味：生姜在白开水里泡3～5分钟，用抹布蘸水擦拭皮鞋，再通风放置几天，就能消除异味了。

4 茶叶除味：喝剩的茶叶晒干后放到鞋里，除味效果显著。

怎样选择合适的泳衣

想选购一套和身材契合的泳衣，以下小妙招要掌握。

1 H形身材：偏瘦缺腰线，选连体露肩或有设计感的，可修饰肩部与臀部。

2 梨形身材：上身瘦下身丰满，选分体泳衣，上身露细腰和手臂，下身裙边加长更显瘦。

3 倒三角形身材：上身宽下身瘦，选连体V字泳衣，拉长视觉。

4 苹果身材：选连体泳衣，适当的露肤更好看。

5 沙漏型身材：肩胯同宽，还有小蛮腰，穿分体泳衣，可以凸显身材优势。

小贴示

面料选氨纶含量大于15%的，弹性好，隔水性佳。

怎样选择合适的内裤

选对内裤，舒适度会大幅提升，还能预防多种健康问题。以下是一些选择内裤的小贴示。

1 材质选择：棉的吸湿性好、亲肤；莫代尔纤维或高档精梳棉材质透气性好，对皮肤无刺激；竹纤维、天丝等材质，有良好的透气性和抗菌性。

2 标签检查：仔细查看内裤的标签，确保没有添加可能引起过敏的物质。

3 侧边缝合线：选热压后再缝合的内裤，穿起来更舒适。

4 颜色选择：选浅色、纯色的内裤，不仅可以防止掉色，还能实时观察私处的健康状况。

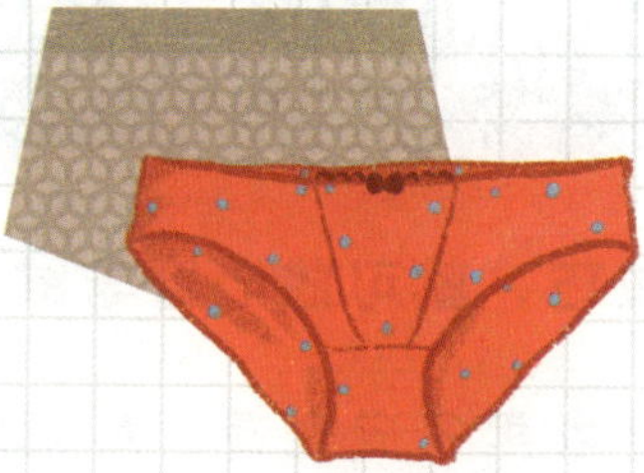

如何巧妙护理包包

包包的护理通常有以下几种方式。

1 皮革包包：清洁时，用干布擦去轻微污渍，用皮革清洁剂处理顽固污渍（先在隐蔽处试用）；定期（每 2 ~ 3 个月一次）用皮革保养油维护，避免阳光直射和潮湿环境。

2 织物包包：用吸尘器清洁灰尘，用湿布擦拭污渍；重污渍的织物包包可浸泡在温水中，用软毛刷轻刷。清洗后轻挤水分，通风晾干后可垫好棉布，用熨斗低温熨烫。

3 人造皮革包包：用湿布蘸洗洁精擦拭清洁，不建议使用强力清洁剂；避免刮擦，定期使用皮革保护喷雾养护。

羊绒制品怎么穿

只要掌握以下小技巧，就可放心穿羊绒衣物。

1 内穿时：配套的外衣里子应光滑，避免粗糙、坚硬材质，以减少局部摩擦起球。

2 外穿时：注意减少与硬物摩擦，如袖子与桌面、沙发扶手等的摩擦。

3 穿着时间：不宜过长，要间歇、交替穿着，让羊绒制品恢复弹力，避免纤维“疲劳”损伤。

4 收纳方式：避免衣架悬挂变形，应叠整齐后收纳进衣柜。羊绒是天然纤维，易被虫蛀，衣柜里需放入樟木块。

小贴示

不要频繁洗涤，一季 2 ~ 3 次为宜。

怎么根据胸型选购合适的内衣

选购内衣小妙招，助你选对内衣，轻松穿出好胸型！

1 圆盘型：底径大，隆起低；选 1/2 杯、3/4 杯、三角杯、全罩杯。

2 圆锥型：底径小，隆起低；选 1/2 杯、3/4 杯、三角杯。

3 半球型：底径大，隆起高；选三角杯、全罩杯。

4 水滴型：底径小，隆起高但不下垂，选 1/2 杯、3/4 杯、三角杯、全罩杯。

5 木瓜型：底径小，隆起高且稍微下垂，选三角杯、全罩杯。

6 微乳型：底径大，隆起低；选 1/2 杯、3/4 杯、三角杯。

不同材质的衣服如何熨烫

掌握熨烫技巧，轻松应对各种材质衣物，小白也能学会！

1 棉质衣服：熨烫里面即可，若从正面烫应垫干净白布，温度控制在 160℃～180℃。

2 丝绸面料：晾干后低温熨烫，温度控制在110℃～120℃，熨斗与衣物保持0.5～1厘米距离，避免直接压烫。

3 羊绒制品：调至中温（140℃左右），喷水雾后铺白纱布，顺着经纬向熨烫，熨斗与衣物保持1～2厘米距离，避免衣物变形。

4 毛衣针织衫：可用蒸汽熨斗平烫与悬烫。

5 化纤面料：熨烫方法同棉质面料。

如何护理皮鞋

护理皮鞋很简单，以下是一些实用的皮鞋护理方法。

1 定期上油：上油时用软布均匀涂抹，然后用干净的布擦拭。

2 日常护理：用擦鞋布或软毛刷擦去灰尘，然后放入鞋撑（报纸），防止变形。

3 湿鞋处理：尽快用干布吸去水分，然后放在阴凉通风处自然风干。切勿在太阳下曝晒或用吹风机吹干。

4 季节性收纳：收纳前应先清洁干净，然后涂上一层鞋油，再放入防尘袋中，存放在干燥、通风的地方。

第五章

PART5

消费选购妙招

优质根茎类蔬菜速选

下面是挑选优质根茎类蔬菜的小秘诀，收好备用。

1 芋头：沙眼（小洞）越多的，口感越粉糯。

2 山药：铁棍山药（怀山药）最好。

3 胡萝卜：顶端和底部一样粗细的更脆甜。

4 冬瓜：肉质致密、绒毛多，且白霜多的好。

5 红薯：选均匀细长，中间粗两头细的。

6 粉藕：7孔，色偏深，水分少，淀粉含量高。

7 脆藕：9孔，色偏浅，水分多，淀粉含量低。

优质叶菜类蔬菜速选

买叶菜时，一眼看去绿油油一片，根本分不清优劣？别急，这些小方法帮你快速选出新鲜又美味的叶菜！

1 包菜：茎绿，叶片蓬松的脆。

2 花菜：颜色洁白微黄，越松散的越好吃。

3 西芹：叶绿、茎直、根白的嫩。

4 菠菜：叶色深绿，根小色红的为佳。

5 韭菜：窄叶的味道浓郁，宽叶的味道较淡。

6 茼蒿：每年 3 ～ 4 月上市的口感最佳。

小贴示

菜椒、灯笼椒：颜色浅，肉厚的辣味小。

螺丝椒：颜色深，形状较直，表面皱的较辣。

二荆条：颜色深，肉薄的更辣些。

其他特色蔬菜速选

下面的小技巧帮你一眼看出蔬菜的好坏，秒变选菜高手！

1 刀豆：短的比长的更嫩。

2 豌豆：荚果扁圆的嫩，正圆的偏老。

3 秋葵：颜色鲜绿偏嫩黄、个头越小的越嫩。

4 蒜苗：红根的是香蒜苗，味道更香浓。

5 蒜薹：白帽蒜薹比红帽蒜薹更好吃。

6 莴笋：茎皮呈白绿色、叶子呈鲜绿色的更鲜嫩。

7 竹笋：矮壮或扁扁的嫩，笋根部太硬的老。

春季时令水果优选

想在市场上挑选到优质又好吃的春季时令水果，下面这些选购小技巧要记住。

1 山竹：花瓣多，果肉就多，核小还更甜。

2 枇杷：个头较大的果肉多；颜色深、表面比较饱满、有一点香味的口感好。

3 芒果：有浓郁的果香，外观无药斑、病斑等；黄皮芒果以橙黄色较好，红皮芒果以砖红色为好。

4 莲雾：颜色呈暗红说明莲雾已成熟，口感好；莲雾越重，水分越多。

5 樱桃：表皮发亮且呈暗红色，吃起来感比较甜；果梗呈绿色的更新鲜些。

夏季时令水果优选

夏日想买到好吃的时令水果，掌握下面的选购小妙招，助你轻松锁定最佳味道！

1 榴莲：外观饱满，柄部周围鼓起，果瓣很分明，拿在手里沉甸甸的。

2 荔枝：色泽鲜艳、个大均匀、皮薄肉厚、富有香气、核小的为上品。

3 木瓜：一种瓜身似节瓜，瓜肉厚、籽少，汁水多而清甜；另一种瓜身圆，形似沙田柚，肉薄、籽多，瓜汁稍少，适合入菜。

4 椰子：轻轻摇晃几下，声音较沉闷的为佳。

秋季时令水果优选

秋天正是水果飘香的季节，掌握几点选购小妙招让你大饱口福。

1 石榴：外皮光滑发亮且无斑痕，掂起来分量较重，外观有棱的皮薄且甜。

2 沙田柚：底部有淡土红色线圈，细颈葫芦型的为佳。

3 阳桃：优选果皮黄中带绿有光泽，棱边呈绿色的；过熟的阳桃皮色橙黄，棱边发黑。

4 芦柑：底部宽，肩部深且鼓，脐部下陷得深，果体较大、较重的为佳。

小贴示

阳桃和芦柑建议放入冰箱保鲜。

冬季时令水果优选

在寒冷的冬季选购鲜美又可口的水果，一定要掌握以下小妙招。

1 甘蔗：粗细均匀、表面光滑且有较多白霜的，新鲜度高，汁水量较多；颜色发暗、发黑的为佳。

2 橙子：外观颜色偏深、偏红的更好；肚脐小、扁形的为佳。

3 猕猴桃：个大无畸形、呈黄褐色且果肉细腻、肉色青绿的味甜汁多。

4 草莓：外形整齐、籽粒大、淡红色或红色、色泽鲜艳、香气浓、八分成熟度的为佳。

购买优质猪肉的方法

市场上的鲜猪肉质量参差不齐，一不小心就会踩到坑，如何挑选一块好猪肉，下面的小技巧可能会帮到你。

1 看色泽：颜色鲜红或淡红、有光泽感；脂肪层厚度正常（1～2厘米），皮下脂肪过薄的可能含有“瘦肉精”。

2 摸手感：肉质紧实，无水滴或黏液，按压后能恢复原状。

3 闻气味：只有略微的腥味，无其他异味。

4 查看检疫章：选择有红色或蓝色检疫章的猪肉。

购买优质牛羊肉的方法

市场上的牛羊肉外观看起来似乎没分别，很难看出差异。这时就需要一些挑选的小技巧了。

1 看色泽：色泽均匀、有光泽，脂肪洁白或呈淡黄色。

2 区别手感：外表微干或有风干膜，不黏手，弹性好。

3 闻气味：有鲜肉味或正常的血腥味和膻味。

4 观察细节：山羊肉膻味更浓，肉质较松软；绵羊肉纤维细软，膻味较淡。

小贴示

挑选鲜肉时，建议戴上一次性手套或用购物袋套在手上再触摸，以减少细菌、病毒传播的风险。

挑选鸡肉有什么诀窍

掌握以下 6 个小技巧，轻松挑选新鲜优质鸡肉。

1 看颜色：颜色发白为佳，若发红或发黑，可能是病鸡肉。

2 摸和闻：肉外层微干，手指压下后能迅速复原，无异味。

3 看刀口：刀口不平整且放血良好的为活鸡宰杀的；刀口平整，血呈暗红色的是死鸡肉。

4 辨别注水鸡肉：鸡翅膀有红针眼或呈乌黑色，用手捏皮层会打滑，多为注水鸡肉。

5 识别柴鸡：柴鸡脚爪细长粗糙，圈养鸡脚爪短粗且肉厚。

6 挑活鸡：鸡冠鲜红、活泼好动、眼睛有神、毛有光泽的是健康鸡。

挑选鸭肉有什么诀窍

挑选新鲜优质的鸭肉，可以从以下几点入手。

1 看眼球：眼球饱满明亮，眼睛呈全开或半开状的更新鲜；眼睛凹陷的不新鲜。

2 看鸭蹼：按压鸭蹼后迅速回弹，表面有光泽的新鲜；鸭蹼干缩无弹性的不新鲜。

3 看鸭皮：皮下脂肪呈淡黄色的新鲜；脂肪变淡的不新鲜。

4 用手摸：用手轻按胸部能迅速回弹且肉质紧实的新鲜。

5 看标签：检查标签信息，包括产地、生产日期和保质期，确保来源可靠。

挑选鹅肉有什么诀窍

掌握下面小技巧，可以选购到新鲜的鹅肉。

1 看颜色：优选肉呈淡红色或浅黄色，肉质粉嫩、表面血水少的；表面暗红、血水多的不新鲜。

2 挑部位：翼下肉厚、尾部肉多且柔软、表皮有光泽的鹅肉口感更佳。

3 区别弹性：肉表皮干燥不黏手，按压后凹陷能迅速恢复的是优质肉；表皮脂肪稀松的肉质差。

4 闻味道：新鲜鹅肉有淡腥味；若闻到腥臭、霉味或药味，不宜购买。

5 问品种：白鹅肉肉质细嫩、口感好，是鹅肉的优选种类。

怎样判断鱼是不是新鲜

鱼是否新鲜在外表上的差别不大。掌握以下关键细节，帮你轻松选出新鲜好鱼。

1 鱼鳞：鲜鱼的鳞片无损伤、无脱落。

2 鱼眼：鲜鱼的眼睛澄清、透明，并且很完整，向外稍有凸出，周围无充血及发红现象。

3 鱼鳃：鲜鱼的鳃颜色鲜红、粉红，鳃盖紧闭，黏液较少且呈透明状，无异味。

4 表皮：表皮上黏液较少，体表清洁，鱼鳞紧密有光亮；用手指按压，凹陷随即复平。这样的鱼便是新鲜的。

小贴示

鲜鱼的鱼漂外观完整，无损伤；在水中能正常漂浮，且位置稳定。

儿童吃鱼怎么选

吃鱼对儿童益处多，但并非所有种类的鱼都适合儿童吃，一起看看下面的吃鱼攻略吧！

选鱼三大原则：

1 刺少：深海鱼刺少，能减少误吞风险，更适合宝宝。

2 DHA 高：深海鱼的 DHA 含量更丰富，有益于大脑发育。

3 汞低：优选体积小、非肉食性的鱼类。

推荐鱼类：

1 鳕鱼：刺少、DHA 高、汞含量低、肉质细腻。

2 三文鱼：营养丰富、DHA 含量高，宜熟食。

3 鲈鱼：优选淡水鲈鱼，刺少、DHA 高。

4 龙利鱼：DHA 的含量高、口感软嫩、刺少。

鉴别鸡蛋是否新鲜的方法

鸡蛋是日常的食材，如何才能挑选到新鲜的鸡蛋呢？赶紧来看看这些小技巧。

1 靠近耳边轻轻摇晃，鲜鸡蛋没声音，而不新鲜的鸡蛋由于蛋液变稀变少，会有声音。

2 鲜鸡蛋蛋壳较毛糙，颜色鲜亮，上面还有一层霜状的粉末。

3 同样大小的鸡蛋，拿在手里越沉的越新鲜。

4 小一点的鸡蛋是最好的，因为小鸡蛋一般情况下是鸡下的第一批蛋，也叫头窝蛋，人为干涉的因素较小。

选购虾蟹贝类的方法

想要挑选到新鲜优质的海鲜，需格外留意细节。

1 虾类：鲜虾体表干净有光泽，触感干燥有弹性；体表黏滑、节间松弛且有异味的勿买。

2 河蟹、海蟹：甲壳呈青绿或青灰色，体形完整，蟹脚坚实，动作敏捷，双钳有力为佳；雄蟹尖脐肉多，雌蟹圆脐黄多；一定要买活蟹。

3 贝类：活贝被触碰到会闭合，肉质饱满有光泽；牡蛎个大肥厚，肉色呈浅黄为佳；扇贝肉色呈雪白半透明为佳；干贝完整均匀、淡黄透亮、味道腥香微甜为佳。

选购奶制品需注意

在选购奶制品时，我们需要留意什么？

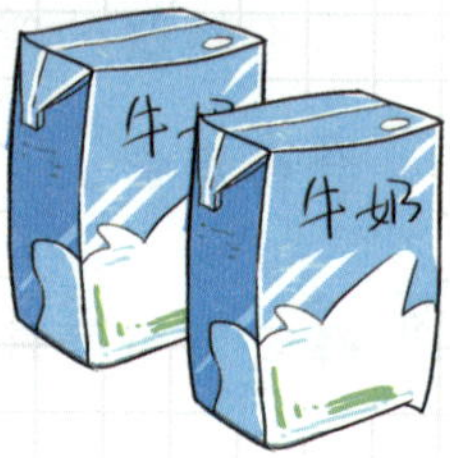

1 鲜奶、常温奶：蛋白质含量不可低于2.99/100毫升；巴氏鲜奶要求全程冷链；乳糖不耐受者应选舒化奶或服用乳糖酶。

2 奶粉：选购正规品牌；婴幼儿必须食用专门配方奶粉，禁用成人奶粉替代。

3 酸奶：最好挑选低糖产品，无糖酸奶适合乳糖不耐受人群。

4 奶酪：最好控制食用量（每日不超30克）；优选配料表简单、钠含量低的产品。

小贴示

乳饮料不属于奶制品，蛋白质和钙含量仅为牛奶的1/3，不可替代牛奶。

给孩子买零食需注意

好吃的零食虽能带给孩子快乐，但怎样确保孩子吃得健康又安心呢？下面的选购小技巧很重要。

1 钠含量需低于 100 毫克/100 克，超 600 毫克属于高钠食品，不健康；配料表前三位避免出现蔗糖、白砂糖、麦芽糖、果汁浓缩物等。

2 注意甄别植物奶油、人造黄油、起酥油、植脂末、氢化植物油等配料，包装上出现以上字样需谨慎。

3 选择配料表简单的产品，避免色素、甜味剂等添加剂排名靠前的零食。

4 选择外壳较软的零食，警惕坚果类的呛噎风险，避免尖锐包装以防划伤。

真假果汁的识别

我们平时买到的是果汁还是糖水？三个小技巧教你快速分辨。

1 看标签：正规果汁标注果汁含量百分比，优质的果汁还会标明“无防腐剂、无添加糖、无人造色素”。

2 配料表：首位原料应为水果或果汁，无添加糖，配料表越简单越好。

3 感官识别：颜色上应近似新鲜水果，颜色过深的需警惕；闻起来有水果的清香，无异味；口感是新鲜水果的原味，入口酸甜适宜。

纯正花生油的鉴别

市面上的花生油质量参差不齐，单纯从外观很难判断优劣。下面分享4个花生油鉴别技巧：

1 看颜色：优质花生油呈淡黄色，色泽清亮，无沉淀物。

2 闻气味：纯正花生油香味浓郁且持久；掺入香精的花生油香味会逐渐减弱，甚至出现异味。

3 冷藏法：将花生油置于10℃冷藏室10分钟，纯正花生油约有一半开始凝固。

4 看包装：成分说明里纯花生油应仅含花生油，无其他油类掺入。同时，要选择纯物理压榨工艺的产品。

如何识别真假白酒

识别真假白酒只需几招，你一看就会。

1 正规白酒包装精美，印刷清晰，瓶盖密封严实。

2 一般来说，纯粮酒执行标准为GB/T10781或GB/T26760，酱香型白酒另有标准。

3 优质白酒无色透明，酒花细腻、密集且消散缓慢。

4 纯粮酒口感醇厚、绵柔，酸甜苦辣协调，无刺激性。

5 纯粮酒配料表简单，仅含水、高粱、大米、玉米等成分。

6 部分纯粮酒瓶身有“纯粮固态发酵”标识。

小贴示

饮酒时与碳酸饮料混饮，会加速酒精吸收。

如何鉴别酱油质量

鉴别酱油质量的简便方法：

1 轻轻摇晃酱油瓶，好酱油会在瓶壁形成挂杯现象，且泡沫细腻持久；劣质酱油则不挂杯或泡沫较大易消散。

2 好酱油应为酿造酱油，配料表简单，仅含水、大豆、小麦、食用盐等。

3 酱油的营养成分表中，氨基酸态氮含量越高，味道越鲜。特级酱油的氨基酸态氮含量应≥ 0.8 克 /100 毫升。

4 酱油分为佐餐用（可直接食用，卫生指标要求更高）和烹调用（加热后食用），生产标准不同。

5 优质酱油应具有浓郁的酱香味。

选购耐用又实惠的家具

选购家具时参考以下小建议，轻松打造既美观又实用的空间。

1 选木材：优选硬木，如橡木等，坚固耐用。

2 看结构：轻摇家具确保无晃动，结构稳固；检查抽屉、柜门开合是否顺畅，缝隙是否均匀。

3 看材质：表面应光滑，无起泡、裂纹；打开柜门或抽屉，若有刺鼻气味，可能是甲醛超标。

4 售后服务：选择提供保修的商家，确保后续服务有保障。

5 货比三家：对比同类家具，从价格、质量等方面综合考虑。

小贴示

当纠结是否添置某件家具时，先放置等体积纸箱体验两周。数据显示，87% 的测试者，最终选择放弃。

第六章

PART6

运动健身的妙招

运动服选宽松还是紧身

运动服是选紧身的还是宽松的？以下分析助你快速抉择。

紧身衣服的优点：

1 吸湿排汗：采用功能性面料（如涤纶、氨纶），能迅速吸走汗水，保持身体干爽。

2 肌肉支撑：贴合身体曲线，减少运动时肌肉的震动。

3 促进血液循环：压迫感有助于氧气供应和废物排出。

宽松衣服的优点：

1 透气性好：与身体有间隙，减少闷热感。

2 减少束缚：不紧贴身体，运动更自由、舒展。

3 保护皮肤：减少衣物与皮肤摩擦，降低皮肤受损风险。

修身运动服怎么选

想要买到修身的运动服，按照下面参数来选准没错！

1 衣长：身高 ×0.41= 合身衣长。例如，身高 165 厘米，合身衣长 67 厘米；宽松款加 3 ～ 4 厘米。

2 肩宽：实际肩宽 +2 ～ 3 厘米 = 正肩版型；+6 ～ 8 厘米 = 宽松版型。

3 胸围：实际胸围 +6 ～ 8 厘米 = 合身；+10 ～ 15 厘米 = 宽松范。

4 裤长：身高 ×0.55= 合身裤长。例如，身高 165 厘米，合身裤长 90 厘米；微盖鞋面减 5 ～ 6 厘米；“拖地风”视情况加裤长。

Tips

测量时尽量穿贴身衣物，参考尺码表，不同品牌的尺码可能有差异。

不确定尺码时，可咨询客服，提供身高、体重、三围等信息，获得精准推荐。

进行不同运动时，运动鞋的挑选

术业有专攻！不同的运动也要有相应的运动鞋来助力。

1 篮球：多起跳动作，减震性强，较高靴型的鞋更合适。

2 足球：奔跑中易打滑，对鞋的脚感和耐磨损程度、鞋钉抓地力有高要求。

3 乒乓球：有较多停、扭动作，鞋的防滑、轻盈、缓震回弹要好。

4 登山：户外水域湿滑多砂石；防滑、排湿透气、水中防护性好的溯溪鞋为佳。

5 跑步：运动时对膝盖的压迫较大，需穿着轻便、减震，前脚掌弹性好的鞋。

小贴示

特殊材质的鞋如麂皮鞋不能沾水，不然易褪色、开胶。

热身后如何更好地拉伸

以下几个拉伸小动作能有效增加身体灵活性。

1 大腿前侧拉伸：手抓脚踝，脚后跟贴近臀部，维持 30 秒，换边重复。

2 大腿后侧拉伸：双腿直立，上身下压，双手抱住小腿，维持 30 秒。

3 小腿拉伸：单腿伸直，脚尖上钩，维持 30 秒，换边重复。

4 侧边拉伸：重心放在一侧腿上，缓缓下蹲，脚跟不离地；另一侧腿伸直，维持 30 秒，换边重复。

5 弓步拉伸：一条腿后撤，上身挺直，维持 30 秒，换边重复。

6 抬腿拉伸：单腿抬高靠固定物，上身下压，双手握脚踝，维持 30 秒，换边重复。

把握好进食和锻炼的时间

运动时间要有规律，运动前后的饮食更需讲究。

1. 运动前 1 小时可食用温热性的红萝卜、洋葱、姜等，提高基础代谢率（肠胃不适者除外）。

2. 运动前 1 小时空腹状态，可补充适量碳水化合物，如高纤饼干、优酪乳、水果等，减少饥饿感，避免血糖下降。

3. 运动后的 1 小时内不宜进食，可适量补充水分；如果依然觉得饿，可少量食用全谷类或鲜奶、鸡蛋等食物，减少饥饿感。

4. 剧烈运动后至少间隔 40 ～ 60 分钟后再进食，避免大量进餐导致肠胃不适。

运动前、中、后科学补水

掌握这几点科学补水小技巧，为身体健康把好关：

1. 运动前 2 ～ 3 小时宜喝 500 毫升水，15 ～ 30 分钟需小口补充 100 ～ 150 毫升水；建议选普通水或低糖运动饮料。

2. 运动中，若时间超 30 分钟或天气炎热，每 15 ～ 20 分钟需补充 150 ～ 200 毫升水；高强度或超 1 小时运动时，建议选运动饮料，低强度或短时间运动选普通水。

3 运动后，需在30分钟内补水，运动前后称体重，每减少0.5公斤补充500～700毫升水；若流汗多，建议选运动饮料补充电解质。

小贴示

运动后，喝过冷或过热的水易刺激肠胃。

长跑时怎么呼吸

长跑时要如何把握呼吸节奏？以下三点很关键。

1 起始阶段或慢跑时（尤其是冬季练长跑或顶风跑）：用鼻子呼吸能过滤灰尘和细菌，保护呼吸道。

2 跑速加快或长跑比赛时：需口鼻并用。鼻吸口呼，口微开，轻咬牙，舌尖卷起，使空气从牙缝挤出。呼吸要均匀有节奏：呼气短促有力，吸气缓慢匀和。

3 呼吸与步法配合：采用两步一呼、两步一吸，或三步一呼、三步一吸。加速或冲刺时，呼吸深度和节奏随步伐加快而加深、加快，以满足身体对氧气的需求。

慢跑的正确姿势

正确的跑步姿势 5 个要点，赶快看看吧！

1 身体姿态：目视前方，上体略前倾约 85°，挺胸抬头，脚掌离地约 10 厘米。全身放松。

2 手臂动作：肘关节 90°，双手松握空拳，上肢保持 60° ~ 90° 自然摆动。

3 呼吸方式：用鼻吸鼻呼、鼻吸口呼，必要时口鼻同时呼吸。

4 躯体与落地：躯体保持正直，避免后仰或左右摆动；落地时脚掌前半部先着地，蹬地时也用前半部分用力。

5 不适处理：跑步中若出现胸部紧束感、心悸气促或头昏，应改跑为走，慢慢停止。

散步健身有技巧

分享几点小技巧，帮你正确散步健身。

1 时长：每次不少于 40 分钟，才能有效消耗脂肪和降低血脂；时间过短达不到效果。

2 速度：快走更有效，每分钟步行 90 ~ 120 米，或 1 小时走

6000 步；从容随意的散步达不到健身效果。

3 频率：每周不少于 4 次，才能对身体有益，还可以显著降低血脂。

4 姿势：重心前倾，积极使用全身肌肉，减轻腰部紧张，缓解腰痛和肩背痛。

5 开始时间：何时开始都不晚，科学家试验证明，能坚持 8 年可显著降低心脏病风险。

电脑桌前运动小方法

每天在电脑桌前努力的你是否感到腰酸背痛？以下几个小动作帮你消除疲劳。

1 梳头：备一把养生梳，按经络梳头，可以缓解头痛，消除疲劳，改善脱发，增强气血。

2 拍腹股沟：双脚与肩同宽，空掌拍 50 下，微微发热即可。可以缓解月经不调，强健脾胃，改善便秘。孕期和经期不适用此法。

3 交替踮脚：双腿并拢，勾脚尖抬脚跟，30 次为一组，每天两组。可以拉伸小腿肌肉，瘦腿，改善水肿。

4 揉耳朵：每天 20 分钟，捏、拉、扭、搓耳朵，可以养肾，改善气血，缓解黑眼圈，提拉面部肌肉。

倒着走也有方法

很多人知道倒着走可以给身体带来不少的好处，但是应该怎样正确地倒着走呢？

1 适用人群：长期坐姿不良的人，膝关节或腰部不适的人。

2 前期准备：选择平坦开阔的场地，找人纠正姿势（或站在全身镜前自我纠正），务必确保无绊倒、被撞的风险。

3 倒着走的方法：重心后移，核心收紧，臀部和大腿后侧发力，膝盖压力释放。

小贴示

跑步机上倒走，配速 2 ~ 3，增加坡度、负重 12。

提高骨密度的方法

骨质疏松怎么办？别拖延，掌握下面方法让你轻松提升骨密度。

1 金刚跪：双腿并拢，臀部坐于脚后跟，背部挺直，坚持 10 ~ 15 分钟，促进血液循环。

2 脚趾扣地：十个脚趾用力抓地再放开，每天做 30 ~ 60 次，刺激脾胃经，改善睡眠。

3 补充钙剂：坚持补充钙剂，能提升骨密度，预防骨质疏松。

4 充足睡眠：早睡早起，熬夜会伤气、损肝肾。熬夜也是骨质疏松原因之一。

5 还阳卧：平躺，双腿紧贴地面，脚心相对，每天坚持 5 ~ 10 分钟，促进身体血液循环。

怎样让关节更耐用

要让关节更耐用，需做好以下几件事：

1 控制走路速度和步数：避免快走，减少关节软骨磨损。膝盖不适时，每天尽量少走路，给膝盖自我修复时间。

2 避免长时间腿弯曲：长时间坐着时，不要一直保持腿弯曲或跷二郎腿，尽量伸直腿，有空多站起来活动。

3 减少下蹲和坐矮凳：尽量避免不必要的下蹲动作，不坐特别矮的凳子，减轻膝关节压力。

4 锻炼股四头肌：空闲时做直腿抬高和模拟踩自行车的动作，增强股四头肌力量，帮助分担膝盖压力。

办公室的简易收腹运动

久坐容易导致腹部脂肪堆积，试试下面的小方法坐着就能瘦肚子：

1 夹本书：两腿夹住一本很薄的书，膝盖用力夹紧，坚持 3 ～ 5 分钟，锻炼腹部和大腿内侧肌肉。

2 抬抬膝：坐椅子的前 1/3，轻松抬起膝盖，小腿不太用力地抬起，左右腿交替，随时可做。

3 蹭蹭腿：抬起左腿，腿肚撞右膝盖，并用力推按摩腿肚，直到腿酸换另一边，兼顾大小腿。

4 举举手：一只手握 600 毫升的水瓶反复上举，舒缓手臂肌肉酸胀感。

科学选择运动的时间

根据下面的时间安排做运动，健身效果翻倍！

1 早上（7:00 ～ 9:00）：做有氧运动。头脑清醒，精力充沛。建议散步、慢跑、拉伸、骑车等轻松运动。

2 下午（14:00 ～ 16:00）：做无氧运动。体力耐力强，适合大重量力量训练，如深蹲、硬拉、卧推等。

3 傍晚（17:00 ～ 19:00）：做有氧 + 无氧运动。身体机能巅峰，适合增肌训练，如哑铃、双杠练胸肌，深蹲练大腿肌肉。

4 晚上（20:00 ~ 21:00）：做有氧运动。有助睡眠，缓解压力，防止脂肪堆积。推荐动感单车、踏步机、游泳、跳绳等轻中度运动。

在办公椅上就能做的塑身操

工作中如何保持好的健康状态？在办公椅上就能做的健康塑身操来啦！

1 坐姿扭转：消除侧腰肉肉。坐椅子 1/3，上半身向左右侧扭转，手扶把手和靠背，借力拉伸侧腰，左右各坚持 30 秒。

2 侧边伸展：拉伸腹横肌，缓解颈椎疼痛。坐椅子一半，臀部坐正，左手向上侧伸展，右手扶把手，左右各坚持 30 秒。

3 交替肘触膝：锻炼腰腹部肌肉。坐椅子 1/3，双手指尖贴耳朵，抬起一只腿，膝盖触碰对侧手肘，抬腿吸气，放腿呼气，左右交替，各 15 次。

产后康复运动小总结

产后康复运动对产妇的体型和体力恢复十分重要。

1 产后42天内（产褥期）：身体虚弱，可做凯格尔运动、上肢和颈部运动及轻柔拉伸。关注伤口修复、子宫恢复和哺育。

2 产后1～3个月（黄金修复期1）：身体好转，可做盆底肌和腹直肌修复，结合医院评估做针对性锻炼，动作强度不宜过高。

3 产后4～6个月（黄金修复期2）：根据恢复情况，逐渐增加运动强度，避免剧烈运动。

4 产后6～12个月（理想修复期）：身体基本恢复，可进行减脂塑形，通过健康饮食、瑜伽和健身增肌来塑造身体曲线，同时关注骨盆修复。

办公室里也可以轻松瘦腿

每天花3分钟，坚持做下面4个动作，让你轻松拥有大长腿。

1 交替踮脚：每天建议做2～3组，能肉眼可见的拉伸小腿。

2 并腿开合：每天建议做2～3组，能很好地改善塌足弓。

3 单腿悬腿开合：每天建议做3组，瘦大腿，改善假胯宽。

4 勾腿舒展拉伸：每天建议做1～2组，避免过度拉伸损伤肌肉。

饭前可做“口瑜伽”

饭前先做四步动作，有效防治口腔问题。

1 头脸动作：肩膀上下动一动，头部前后左右动一动，双手轻拍脸颊，由下往上按摩脸部。活络口腔周围肌肉，有预热的效果。

2 嘴角动作：做嘴角上扬（微笑）的动作，嘟嘴左右摆动，最后张嘴露齿笑。

3 舌头动作：做完以上两个预热动作后，开始吐舌头，然后舌头上下左右摆动，再做画圈动作。

4 腺体按摩：按摩耳下腺、颚下腺和舌下腺。

小贴示

每天饭前持续做“口瑜伽”，可延缓口腔老化，预防牙科疾病。

产后让腰越来越细的小习惯

产后 6 个小习惯，轻松拥有小蛮腰。

1 腹式呼吸：可修复腹直肌，早上和睡前在床上各练 10 分钟。

2 靠墙站立：饭后半小时，收紧臀部贴墙站立 15 分钟，促进燃脂。

3 按摩肚子：顺时针轻揉腹部，每次 10 分钟，每天 3 次，加速脂肪燃烧。

4 靠墙静蹲：每天练 2 组，每组 10 次，每次坚持 30 秒，注意膝盖不超过脚尖。

5 桥式运动：每天练 3 组，每组 15 次，每次保持 5 秒，仰卧屈膝，随呼气抬臀，提臀瘦腿。

6 双手抱膝：睡前练，每次 3 分钟，收紧臀部，保持动作 5 秒后放松。

如何挑选合适的健身器材

健身器材与健身效果密切相关，了解以下选购要点十分重要。

1 增肌与力量训练：选哑铃、杠铃、卧推架等。

2 提高心肺功能与减脂：选跑步机、动感单车、椭圆机等有氧器材。

3 提高柔韧性与平衡能力：选瑜伽垫、平衡板、普拉提环等。

4 青少年选拉力器，中老年人选有氧健身车，关节问题者选低冲击器材。

5 有氧训练器材选跑步机、椭圆机、动感单车；力量训练器材选哑铃、杠铃、综合训练器。

小贴示

准备心率监测器，可实时掌握运动强度，确保运动安全、有效。

运动前如何有效热身

想要有效热身，以下 6 项运动不能少。

1 侧分腿蹲：侧分腿，膝盖朝脚趾，弯曲臀膝，重心移至弯曲的腿，背部挺直，双脚平行，腹肌发力，保持 30 秒。

2 躯干静止：运动范围最大化，使用腹斜肌发力，保持 30 秒。

3 骨盆后倾：起式骨盆后倾，运动范围最大化，背部挺直，右腿膝盖弯曲。

4 动态腘绳肌拉伸：起式骨盆后倾，运动范围最大化，左腿膝盖弯曲，维持 30 秒后换右腿。

5 转肩：背部挺直，吸气扩胸，伸展胸肌，肩膀下垂，腹肌发力，保持 30 秒。

6 站姿 Y 型上举：腹肌和臀大肌发力，背部挺直，保持舒适力度，有拉伸感，吸气时扩胸。

第七章

PART 7

保健美容妙招多

头发分叉多怎么办

很多女生的长发末端都会分叉成细丝或者羽毛状，看起来干燥发黄没有光泽。试试下面的小妙招，让秀发飘逸起来吧。

1 每两个月修剪分叉头发，防止向上延伸。

2 洗发时不使用过热的水，不过度清洁。

3 减少使用吹风机、卷发棒等工具。

4 少做定型，少染发、烫发。

5 特级初榨橄榄油不仅能食用、美容，还能用于护理头发。

总是掉头发怎么办

总是掉头发导致发量稀少，影响形象，养护头发有妙招。

1 坚持使用生姜涂抹头皮。

2 放松心情，别内耗，保持身心愉悦。

3 脂溢性皮炎会引起脱发，要遵医嘱用药治疗。

头皮屑很多怎么办

头皮屑多不仅影响仪容，还丢面子。消除头皮屑我有好方法。

1 勤洗头，使用性质温和的去屑洗发水，注意按摩头皮。

2 补充 B 族维生素。

3 好好休息，减少压力，保持良好的生活习惯。

4 洗发水中加入柠檬汁，帮助去头屑。

对付白发有妙招

白发多会增加年龄感，可以试试下面的方法。

1 少思虑，不生气，保持心态平和。

2 均衡摄入营养，多吃富含蛋白质和黑色素的食物。

3 作息规律不熬夜，10 点以前睡觉。

4 睡前泡脚。

5 遵医嘱服用补肝肾气血的药物，长期坚持。

小贴示

遗传性白发目前没有十分有效的治疗方法，可以通过染发或戴假发进行遮盖。

生发护发方法多，聪明不"绝顶"

拥有茂密秀发能够提升颜值和气质，还能增加氛围感。重视起来吧。

1 根据发质洗头，不过度清洗。

2 不使用含有月桂硫酸钠、二乙醇胺和三乙醇胺成分的洗发水。

3 少使用化学产品和加热工具。

4 每天梳头 100 下。

5 保持良好的作息习惯，少熬夜，多锻炼。

6 保持乐观开朗，少忧虑，不生气。

7 注重头疗养生，定期做头疗，舒缓头皮促循环。

小贴示

冰冻三尺非一日之寒，生发养发也非一夕之功。长期调养，要耐心坚持哦。

保护牙齿的窍门

牙齿影响面容、发音以及营养吸收，所以要好好保护牙齿啊！

1 使用含氟牙膏，适当配合牙线、漱口水，防止细菌滋生。

2 饮食清淡，少吃甜食。

3 不要用牙齿咬过硬的食物，不用牙齿开瓶盖。

4 定期去口腔医院检查牙齿，必要时进行超声波洗牙。

如何预防牙结石

牙结石会伴随口臭、牙龈出血，牙结石复发还可能导致牙周炎等并发症，影响生活。要重视预防牙结石哦！

1 正确规范地刷牙，配合使用牙线及时清除牙垢和食物残渣，抑制牙菌斑。

2 少吃精细食物和甜食，进食后必须刷牙漱口。

3 科学饮食，少吃软食，少喝茶和咖啡。

牙齿美白妙招

牙齿洁白会给人的形象加分。牙齿美白也是有窍门的。

1 使用美白牙膏去除浅层牙垢。

2 遵医嘱使用专业牙齿漂白剂去除深层牙垢。

3 少食用染色食物和饮料。

4 定期洗牙，清除牙渍和结石。

5 戒烟！吸烟会导致牙齿变黄。

有口臭怎么办

口臭会严重影响人际关系，患者还可能因此自卑和焦虑。清除口臭也有好办法，快来试试吧。

1 少抽烟喝酒，作息规律，饮食均衡，少吃刺激性食物。

2 补充口腔益生菌，维护菌群平衡。

3 顺时针、逆时针按摩心窝，先腹中线再两侧 S 形回环按摩，肚脐中线上下推腹并绕肚脐按摩，胸腹两侧推腹按摩。

4 口源性口臭，使用药用含漱液，配合口腔检查。

洗脸也有诀窍

洗脸人人会，却未必人人做得好。洗脸也有小诀窍。

1 洗面奶并非必须使用，如果没有化妆，出油也不多，仅用温清水即可。

2 洗脸之前先洗手。

3 用手洗脸，用干毛巾拭干。

4 白醋加水，增白增亮。柠檬加水，收缩毛孔。一周两次不贪多。

5 早晚洗脸，时间控制在两分钟以内。

6 洗脸后在3分钟内护肤，效果最佳。

有效美白的方法

容貌是天生的很难改变，但肤色变白可以提升颜值。

1 要美白，先补水，打好底子。

2 美白要控糖，饭吃七分饱。

3 常按摩腹部，多泡脚。

4 拒绝熬夜，充足睡眠；多吃果蔬，补充维生素C、维生素E。

5 定期去除老化角质，能让皮肤有光泽。

小贴示

敏感肌人群选择美白产品要慎重；美白是长期坚持的结果，不要轻易相信立竿见影的产品和手段。

皮肤控油小窍门

皮肤油脂分泌过剩会导致毛孔粗大，皮肤油腻，还会引起皮肤痤疮和发炎，严重影响个人形象。通过给皮肤控油，让形象清爽起来吧。

1 多喝水，补充身体水分，帮助排毒。

2 使用适合油性皮肤的洗面奶，避免过度清洁。

3 选择能够收缩毛孔的水乳产品，注意保湿和锁水，减轻皮肤负担。

4 作息规律，清淡饮食，少油、少盐、少糖，多吃果蔬。

5 给自己减压，舒缓情绪，以调节内分泌。

对付火疖子的绝招

火疖子既影响颜值，又肿又疼，严重的还会伴有发烧和头疼，长在私处更难受。别担心，对付火疖子有绝招。

1 用鱼石脂软膏催熟后，涂抹百多邦或红霉素软膏。

2 丝瓜叶或马齿苋捣烂，配合医用敷料。

3 半干的隔夜粗茶敷在疖肿上，用医用纱布缠好，帮助拔毒。

4 避免油腻、辛辣和刺激性食物。

5 温和清洁，不用力揉、搓、抠、挠。

6 避免劳累，保证充足休息，提升免疫力。

肌肤祛痘小窍门

脸上起痘不仅影响美观，还影响社交，让人产生焦虑。我们可以尝试以下方法，祛痘淡痘印。

1 保持良好作息习惯，不要熬夜，避免过度疲劳。

2 洗脸后做好保湿补水工作。

3 清淡饮食，少吃甜食和刺激性食物，少吃发物。

4 适当用药，疏通毛孔，软化角质促代谢，调节皮肤生态微环境。

5 病情严重时，需要遵医嘱治疗。

怎样快速止鼻血

鼻子出血一般防不胜防，需要快速止血。

1 手指按住出血侧鼻翼，压迫止血。

2 冷敷鼻子、额头和颈部，收缩血管。

3 棉球填塞鼻腔止血。

4 如果仍无法止血，需要及时就医。

如何改善感冒症状

虽然大多数时候感冒能自愈，但是想办法缓解发烧、头疼和流涕，会让身体舒服些。

1 大碗盛热水，头靠近水蒸气深呼吸，可缓解鼻塞咳嗽。

2 补充维生素 C。

3 正确服用退烧药和止痛片。

4 温水洗澡，缓解不适。

5 将薰衣草、迷迭香等精油放进扩香器散发，或稀释后涂抹皮肤。

6 多睡觉，避免过度劳累。

如何防止异物进入呼吸道

异物进入呼吸道非常危险，轻则致病，重则致命。日常生活要谨防异物进入呼吸道。

1 幼儿吃花生、瓜子、汤圆、果冻等食物时要时刻注意，小物件要放在儿童拿不到的地方。

2 和孩子一起改掉不良生活习惯，不在跑跳时进食，不在进食时谈笑或囫囵吞食，不将小物件放进嘴里。

3 病人和老年人采取坐位进食，细嚼慢咽。

4 学习海姆立克急救法。

耳朵进水了怎么办

游泳或洗澡时耳朵进水，可能造成短暂的听力下降、耳屎膨胀堵塞耳道。如果不及时清洁，可能造成感染发炎。以下方法可以减少伤害。

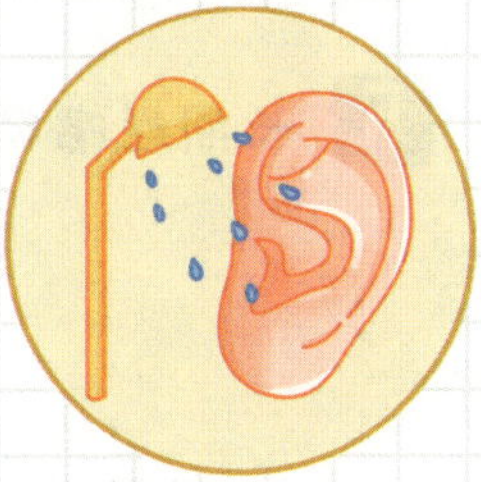

1 如果是刚进水，可以向进水一侧歪头，单腿跳或跺脚。

2 把耳朵向后上方拉提后，歪头。

3 用干净棉签擦拭外耳道。

对付打嗝的小妙招

打嗝不仅不舒服，还容易引起社交尴尬。对付打嗝有妙招。

1 口含温水，分数次咽下，可以缓解或止嗝。

2 热敷腹部能缓解。

3 受到惊吓可止嗝。

4 如仍无法止嗝，需要就诊服药。

怎样对付烂嘴角

烂嘴角就是口角炎，疼痛明显，影响说话和吃饭。需要及时治疗，以免影响生活。

1 涂抹芦荟胶、维生素 E 油、木瓜膏等滋润皮肤，改善症状。

2 使用小苏打溶液湿敷 20 分钟后，涂抹杀菌消炎类药物。

3 多喝水，不吃辛辣食物。

4 不要舔舐嘴角、抠挠伤口。

5 长期烂嘴角要注意补充维生素。

怎样去除黑眼圈

劳累或睡眠不足容易产生黑眼圈，影响颜值和形象。下面是去除黑眼圈的方法。

1 盐水热敷、穴位按摩、滚热鸡蛋，冷热水交替或蒸汽眼罩敷眼，见效较快。

2 养成良好生活习惯，避免疲劳用眼，拒绝长期熬夜。

3 经常按摩眼部肌肉，更换适合自己的眼霜和护肤品。

秋季如何养肺

秋季气候干燥容易伤肺，可用下面方法养肺。

1 均衡摄入营养，多喝水，润肺为主。

2 进行有氧运动，提高心肺功能，并持之以恒。

3 保持心情愉悦，培养兴趣爱好，大笑可宣肺。

4 保持充足睡眠，室内勤通风。

5 有肺病及时就诊，不要乱吃药。

落枕了怎么办

落枕会导致颈部疼痛，活动受限。虽可自愈，但是可以用一些办法缓解不适。

1 热敷止痛，松弛肌肉。

2 轻按颈部找出痛点，用力按摩。

3 使用红花油擦揉或贴正骨活血的药膏。

4 症状严重的可服止痛药。

小贴示

三天内症状无缓解，要考虑颈椎病的可能，需及时就医。

冬天干燥，如何给皮肤保湿

冬季干燥，皮肤容易瘙痒、脱皮或屏障受损。要及时补水，给皮肤保湿。

1 不频繁洗澡，洗澡时水温不要过热。

2 使用保湿护肤品，及时为肌肤补充营养和水分。

3 定期使用补水面膜，补充水分和营养。

4 调理饮食多喝水，食用富含维生素的食物。

5 使用室内加湿器。

对付手臂麻木的妙招

如果是因维持某个姿势过久导致手臂麻木无须担心，如果长时间麻木则要重视。

1 睡醒后，手臂麻木，起来活动即可缓解。

2 拎提重物导致劳累麻木，可以热敷或洗温水澡，早早休息，也可消除。

3 长时间手臂麻木疼痛，要考虑颈椎病、肩周炎和椎间盘突出症的可能，需及时就医。

4 若伴随肢体无力、语言障碍，需尽快就诊神经内科，谨防心脑血管疾病。

怎样防止冬天冻耳朵

冬天温度过低，不戴帽子容易冻坏耳朵。预防冻耳朵有以下方法。

1 做好保暖，戴帽子或耳包保护耳朵。

2 耳朵寒凉时，搓热双手按摩耳朵，或者热敷，预防冻疮。

3 加强体育锻炼，好好吃饭，提升免疫力。

防止便秘小妙招

长期便秘会导致肛裂、生痔疮，使肠道受损，诱发炎症，影响生活质量。我们要防止便秘，保护肠道健康。

1 每日晨起喝温开水或淡盐水促进排便，清理肠道。

2 作息规律，不熬夜，适当运动，顺时针按摩腹部，多喝水。

3 多吃富含膳食纤维的蔬菜、水果，少食辛辣的食物。

小贴示

家有老人的，要注意老人服药对排便的影响。

对付脚浮肿的办法

脚部浮肿，不仅影响走路，还可能是身体疾病的表现，不能大意。

1. 长时间行走或劳累导致脚部浮肿，可以泡脚、按摩，注意休息，就能缓解症状。
2. 饮食少盐低糖，多食用含有蛋白质和维生素的食物。
3. 及早就诊，以防慢性肾炎或类风湿性关节炎疾病。

脚踝扭伤怎么办

脚踝扭伤影响走路，要尽快确定有无骨折，以求尽快治疗。

1. 检查确定伤势，再决定如何处理。
2. 轻微扭伤先冷敷 24 小时，再热敷消肿止痛。可对患处按摩，涂抹药油或贴膏药，服药止痛。
3. 若是韧带受伤或骨折，应及时就诊，妥善治疗。

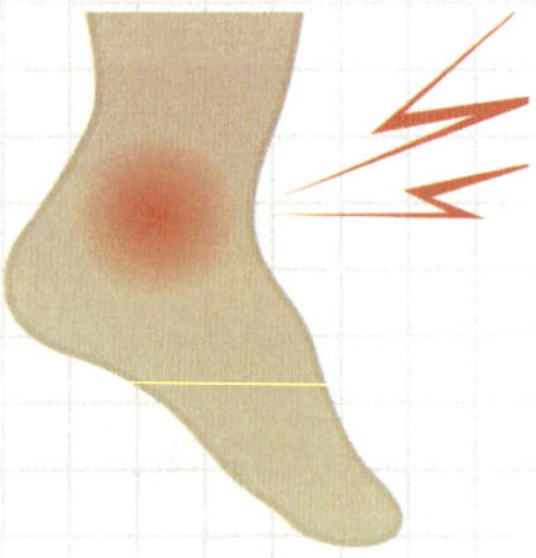

轻松瘦腰小妙招

女人纤腰显气质，男人没有肚腩不显油腻。瘦腰有妙招，一起看过来。

1 多喝水促代谢，助排毒。

2 两脚叉开同肩齐，双手虚握或交叉、打开，交替上下左右前后晃动，配合前后左右踢腿和腰臀摆动，每个动作 30 秒。

3 行走坐卧姿势正确，忌久坐久卧。

4 充足睡眠，少思不内耗。

缓解压力小窍门

工作之余适当解压，不仅缓解身体疲惫，还能焕发精神，更好地投入工作和学习。

1 运动和打扫都能通过身体活动释放压力。

2 外出散步看风景或享受美食，熨帖心灵。

3 向朋友倾诉或写日记、听音乐，发泄情绪，调节神经机能。

4 避免过度劳累，保证充足睡眠，合理管理时间。

轻松减肥瘦身

减肥瘦身是为了健康和美，为了更好地享受生活。减肥瘦身重在减脂，还需要恒心和耐力。

1 制定适合减脂的饮食计划，多喝水。

2 空腹有氧活动（瑜伽、游泳、慢跑等）40 分钟左右。

3 制造热量差，即消耗的热量大于摄入的热量，轻松减脂。

小贴示

忌绝食减肥，伤胃且反弹严重。

巧用食物解酒

饮酒后，利用食物解酒，可以缓解不适，保护肝脏。

1 淡茶生津止渴，减少酒精毒害。忌饮浓茶，避免加重心脏负担。

2 微醺解酒可以饮用葡萄汁、西红柿汁、西瓜汁、蜂蜜柠檬汁、梨汁、芹菜汁等。浓橙汁搭配酸奶对胃部友好。

3 严重醉酒应就医。

第八章

PART 8

休闲生活很美妙

巧用废水浇花

养花需要施肥。利用家里的废水浇花，节能环保，一举多得。

1 喝剩的牛奶、豆浆、啤酒，封存发酵 1 个月左右，按照 1:10 比例兑水浇花。一个月两三次。

2 淘米水封存后曝晒 10 天左右，进行稀释后浇花。

3 水果皮和残茶经过发酵，可用于浇花。

4 将鱼的内脏、鱼鳞、鱼骨收集后发酵，可以给植物补充磷钾元素。

5 养鱼换掉的水不要倒，浇花很适宜。

春天如何给花卉换土

春季温度适宜，又是大多数植物的生长期，最适合给盆栽花木换土。一起来看如何换土吧。

1 提前控水，选择阳光明媚的天气换土。

2 花盆大小和材质要适合。

3 修剪腐烂、干瘪和过长根系后，给伤口涂抹多菌灵晾干。

4 施加有机肥要用素土隔离。

5 换盆后不能马上浇水，可向叶面喷水，放到阴凉处等待服盆。

小贴示

服盆后的第一次浇水，盆土吸饱水后，需要控水。

夏天怎样给花卉保湿降温

夏季炎热，花卉需要保湿降温才能更好地生长。具体怎么做呢？

1 将花盆移至光照时间不会过长的地方，避开高温的午后。或者使用遮阳网。

2 环境通风，减少施肥。

3 早晚给叶面喷水，避免盆底积水。

4 使用加湿器或在周围放置水盆，增加空气湿度。

秋季如何给兰花分盆

给兰花分盆的最佳时机是秋分前后。此时气温适宜，温差小，病菌繁殖慢，兰花生长速度也较慢，分盆相对安全。

1 提前两个星期施薄肥，提前 1 ～ 2 个星期控水，保护兰根分盆时不被损伤。

2 修剪兰花老化、病弱、干瘪部分，需要对伤口杀菌消毒。

3 给兰花分根前，要对剪刀消毒。

4 兰花上盆培土后，浇透定根水，放置在阴凉通风处服盆。

5 服盆半个月后移到散射光处，适应新环境两周后可以正常施肥。

秋季怎样修剪盆花

秋季温度降低，盆花盆景需要及时修剪，以更好地促进生长。

1 剪去枯叶、枯枝、瘦弱枝杈、重叠枝和侧芽。

2 缩剪徒长枝杈，适量摘心除花蕾。

3 造型盆景和花卉可以解绑再重新绑扎。

4 兰花类花期已过的花剑应齐根剪除，以储存营养。

冬天怎样给花浇水

冬季花卉一般对水的需求变少，不能盲目浇水，但要注意北方有暖气，室温较高。室外花木浇水也有讲究。

1 室外木本花卉，北方每 1 ~ 2 个月浇一次水，南方视土壤干燥程度酌情浇水。

2 室内花卉，遵循见干见湿或者干透浇透原则。

3 选择晴天的温暖时刻浇水，午间最佳。

4 尽量保持水温和环境温度相同。

5 大多采用直灌法，个别盆花或绿植可以浸盆。

怎样自制腐叶土

腐叶土是枯树叶发酵降解后形成的富含腐殖质的堆肥土，肥沃透气，能改善土壤结构。我们可以按照以下方法自制腐叶土。

1 收集叶子时要排除松叶、桉树叶。

2 向叶子袋中浇入淘米水、淀粉水，湿透后排水扎紧袋子。

3 发酵的地方要阳光直射又通风。

4 隔三五天翻动查看，补充淘米水保持适当湿度。

5 腐叶土制作完成，和普通花土搅拌均匀再用。

花卉水浇多了怎么办

把花养死多数是因为太勤快，给花卉浇水过量。水浇多了怎么办呢？

1 倾斜花盆，倒出多余水，清空托盘。如果花盆太重，可以使用纸巾吸干。

2 松土增加透气性，或脱盆晾晒。

3 加强通风，避免阳光直射或闷热环境。

4 插入土壤湿度计，便捷直观。

怎样延长花期

如何延长花期，让花的美丽更持久是很多花友关心的问题。

1 根据季节特点，保持合适光照、温湿度环境和通风条件。

2 花期前后，适量施用含有磷、钾、硼等元素的肥料。

3 适当控水，以免闷根烂根。

4 及时剪除老黄叶子。

5 使用保鲜剂或喷洒白醋溶液等。

小贴示

宁可施薄肥，也要避免肥力过剩，导致烧死花根。

怎样去除花肥的异味

自制花肥虽好，但味道难闻。如果室外施肥，还可能影响邻里关系。去除花肥异味有办法。

1 自制肥料时，可加入橘子皮一起发酵，能够减少臭味。

2 在肥水中滴入适量白酒和米醋中和臭味。

3 给花卉控水几天，搬至室外施肥，再用少量水冲洗肥液残留到深土后，控水搬回。

4 先松动拨开一部分盆土，施肥后再覆盖回填。

怎样给花卉灭虫

花卉虫害是最让花友头疼的问题。如何除掉这些恼人的小虫呢?

1 虫害初期，可把虫害部分剪除。

2 虫害较少，可每天喷施 2 ~ 3 次酒精或肥皂水、花椒水，然后通风。

3 虫害严重，要借助专业化学杀虫剂或农药，如吡虫啉、哒螨灵、杀螟松乳油等。

4 将虫害花卉进行隔离，避免虫害面积扩大。

让山石盆景快速生苔的技巧

让山石盆景快速生苔，有助于调节盆景的湿度和温度，增加盆景美观和生动性，还能保护盆景根系。

1 山石浸透水，涂抹淀粉糨糊，用湿润杂草覆盖，每天喷水。

2 用淘米水、菜叶沤制液淋洒山石，罩塑料袋保湿。

3 铲回的苔皮苔块，搭配泥浆抹贴在山石沟洼处，遮光保湿。

4 保持半阴湿环境和合适温度，定时清洁盆景，适当施肥，防止病虫害。

怎样饲养观赏鱼

养好观赏鱼，有几个关键因素：水质、喂食、养殖环境，缺一不可。

1 养鱼先养水。培养硝化系统，用水族加热棒控制水温，水质调节剂来调 PH 值和硬度。同时定期检测水质。

2 定时投放饵料，每天一次七分饱，不可完全饱腹。

3 每 1 ～ 2 周换水 1/5。换水需要先困水。

4 鱼生病期，每两天换一次水，适当升温。可加入盐块杀菌。

5 可以适当添加水草、石块和沉木，模拟自然环境。

混养观赏鱼的法则

观赏鱼混养，可以满足美观性和养殖者对鱼类的不同爱好，但是要遵循一定的原则。

1 选择对环境和水温、水质等要求相近的鱼类。

2 体型、性格相似相近。

3 食性相近。

4 混养要考虑鱼类的领地意识。

5 新加入鱼类，要先进行隔离，或分批引入，让鱼类适应。

小贴示

混养观赏鱼要关注鱼类的健康状况，定期检查水质，防止疾病传播。

如何防止观赏鱼生病

如果鱼缸环境变化，或者饵料和尸体腐烂产生污染，易使观赏鱼生病。不过大多鱼病都可以治愈，关键是要以预防为主。

1. 引入的新鱼要先用3%～5%浓度的食盐溶液浸洗5～15分钟。
2. 也可用10毫克/升浓度的高锰酸钾溶液浸洗消毒5～10分钟。
3. 新鱼消毒，单独饲养一周后，再投入鱼缸。
4. 定期对鱼缸、水族箱、水草、摆件等进行清洁和消毒。
5. 可适量投入盐块。

金鱼缺氧怎样急救

金鱼往水面跳，把头浮出来吞食空气，或者直接躺平，就说明缺氧啦，需要赶紧补救。

1. 情况不严重时可以及时换水。
2. 打开气泵充氧。
3. 适量投放增氧剂，注意浓度，以免伤害鱼类。
4. 家里如果备了氧气瓶，可以直接接到鱼缸中。
5. 停止投放鱼饵。注意换水、照明和施肥情况。
6. 可以使用除藻剂。

防治水草缸中藻类暴发的技巧

藻类可以为观赏鱼提供氧气和食物，但是过度生长也会影响鱼类的生存环境。我们要注意防治水草缸爆藻。

1 了解水草特性，尽量不植入带藻类的水草品种。

2 定期换水，观察照明和肥料对藻类的影响，适时调整。

3 发现藻类，可引入适量的食藻鱼类，进行生物消除，切忌只放养单条食藻鱼，以免失去食藻习性。

4 发现藻类产生，立即缩短照明时间，停止添加肥料，同时持续三四天每天换水 1/5 ~ 1/4。

5 爆藻后，只能将造景等取出清洗，剪除水草叶茎上的藻类，注意换水、照明和施肥情况。

6 可以使用除藻剂。

怎样装饰水族箱

装饰水族箱不仅增加美观性，还能帮助维持水族箱内的生态环境，有利于观赏鱼生活。

1 新箱可以事先用清水浸泡两天，观察是否漏水。

2 给装饰物消毒。

3 根据观赏鱼品种、水族箱规格和照明情况，选择适合的底砂和水草。

4 注意层次搭配。

5 培养硝化系统，水色澄清后，再投放观赏鱼。

6 缓慢注入新水，避免水流冲击金鱼。

如何给金鱼换水

金鱼对水温要求不高，但是喜欢弱碱性水质，对环境变化和温度变化比较敏感。换水时可使用下列方法。

1 先困水两三天，消除自来水中的氯气。

2 金鱼喜欢老水，换水量不要太大，以免金鱼受刺激而亡。

3 每次换水保持在 1/4 ~ 1/3 之间。

4 提前将新水酸碱值调整到 7.5 ~ 8.0 之间。

5 新水和老水温度大体相当。

给猫清洗牙齿的小妙招

十斤“猫主子”，九斤反骨，给它们清洗牙齿尤其困难。其实给猫刷牙有妙招。

1 先用纱布缠手指，蘸取猫条让其适应，三四天后，换成肉味牙膏，循序渐进。

2 猫进食或玩耍后心情较好，适合刷牙。

3 将猫同向放在身前，或者让猫平躺放在主人双腿上，方便控制猫头刷牙。

4 猫反抗时，可以适当安抚其下巴和额头。尽量不要强迫。

5 用毛巾缠裹住猫的四肢和身体，可以有效防止它乱动。

6 尝试使用啃咬式牙刷。

巧妙灭猫蚤

猫染上跳蚤让人很烦恼，但不能乱用药，要保证除蚤方法安全、简单、有效。

1 用密齿梳梳理猫毛卡出一部分跳蚤。

2 使用猫专用杀跳蚤的沐浴液和护理液。

3 给猫体外驱虫，快速杀灭跳蚤。

小贴示

经常打理居住环境，定期给猫用品和玩具进行消毒，放到阳光下曝晒。可以适量喷洒防跳蚤的喷雾和杀虫剂，以防止跳蚤繁殖传染。

去除"猫主子"泪沟小窍门

猫有泪沟，不仅影响颜值，还可能预示健康状态。要及时去除泪沟。

1 若泪沟时间短、不严重，使用温湿毛巾连续 1 ～ 2 周擦拭泪沟即可。

2 牢固泪沟，每天 2 次，连续 7 天，先用生理盐水清洗泪沟和眼周，再用硼酸洗液清洁，涂上泪痕粉。

3 眼睛发炎或感染，可以使用杀菌类滴眼液或红霉素眼膏，每次 1 ～ 2 滴，每天两次。

4 猫粮过咸和油腻易生成泪沟，可更换少油少盐的猫粮。

5 及时清理猫砂。

猫乱叫怎么办

猫乱叫，特别是晚上乱叫，容易让人心累。应该怎么办呢？

1 发情期嚎叫，耐心温柔抚摸猫的尾巴和屁股。提供猫薄荷或猫配偶。

2 猫生物钟紊乱，可在睡前和它玩耍追逐，让它疲惫。

3 定时定量喂食。晚餐后增加一次喂食，防止猫半夜饿肚子嚎叫。

4 主人如果和猫经历了分离，回来后要增加互动。

5 加入新宠物成员，要给原住小猫更多关注，缓解焦虑。

6 如果猫持续低声叫，精神状态不佳，要及时就医。

7 发情期过后，考虑给猫做绝育手术。

让狗乖乖洗澡小技巧

狗同样不喜欢洗澡，但是要避免暴力控制，以免让狗压力太大而躁动。

1 务必先让狗熟悉环境，可以喂少量它喜欢的零食。

2 循序渐进，先冲地面再靠近狗狗的脚和腿，让它感受并熟悉水。

3 不要冲洗头部和耳道。

4 发现狗狗抗拒时，可减轻力度或停止搓洗，进行安抚后继续。

5 用按摩刷刷洗狗狗脚肉垫。

6 小风力吹七八成干，尽量不使用烘干箱。

巧喂狗吃药

1 用双腿夹住狗狗身体，掰开狗的嘴巴，迅速将药片放进喉咙深处，握住狗的嘴巴摇晃，或用零食放在它鼻子边诱惑它出口水，药片自然咽下。

2 把药片碾碎加水搅拌成黏糊状，抹在其鼻子或牙齿上，它自己会舔进去。

3 把药放进它喜爱的罐头零食里，搓成小丸子，给它服下。

如何给狗剪指甲

给狗狗剪指甲，不仅可以保护家中家具、地板和床品，防止被狗抓坏，还能保护狗爪健康。

1 要备好止血粉和零食。

2 选择狗狗放松的时刻，给它点零食，不时用手和指甲刀碰触它的爪子，让它适应。

3 把狗狗固定在怀中或用特殊背带吊起来再剪。

4 观察狗爪，确定血线位置，不要剪到血线。

5 黑爪子无法确认血线，在趾甲打弯处剪第一刀，之后每次只剪一点点，露出中间软芯部分后即停。

6 剪刀和狗爪肉垫平行修剪。

7 如果狗狗反抗，可给它喂零食，软语安抚。

8 实在无计可施，则徐徐图之不强求，并多次尝试。

9 多带狗狗外出，降低指甲修剪频率。

梳理狗毛的正确方法

狗狗毛发需要定期梳理，帮助毛发脱落，防止毛发打结。怎么梳理狗毛呢？

1 根据狗狗的体型和毛发长短选择适合的梳子。

2 提前抚摸按摩，先让狗狗运动或进食，放松狗狗心情。

3 对毛发密实或毛发长的狗狗，可以将毛发分层处理，确保梳理通透。

4 观察狗狗情绪，检查其身体，以发现打结的毛发、伤口、异物等并及时处理。

如何饲养幼犬

初生犬没有生存能力，一般主要靠母犬照料，20 天后要按照其生长阶段进行饲养。

1 初生犬不宜放在明亮的地方，会影响其视力。

2 适量添加羊奶粉。

3 随着月龄增加，适当减少喂养次数。

4 幼犬 4 周内驱虫，7 周时可打疫苗，4 个月以内的幼犬，避免外出和洗澡。

5 幼犬到新家需要适应两周再打疫苗。

6 满 3 个月的幼犬接种狂犬疫苗，并提供磨牙玩具。此时主人应开始掌握训犬方法和原则，对其进行社会化训练。

7 每个月进行一次体外驱虫，每 3 个月进行一次体内驱虫。驱虫一周之后，才能注射疫苗。

8 家中常备幼犬益生菌，注意补充维生素和钙质。

9 保持每天运动晒太阳。

鸟的清洁技巧

养鸟要时时清理鸟的各种用具和家庭卫生，为鸟儿提供舒适安全的环境。

1 给底盘套上塑料袋，方便观察粪便和用食情况，每天更换塑料袋，免于频繁清洁底盘。

2 每天检查食盒，清理残留食物和粪便，及时添食。

3 经常换水，防止水质污染。

4 经常给鸟儿洗澡，手动清理羽毛和脚趾上的污垢。

5 鸟笼和用具日常消毒，可以使用热碱水，健康无副作用。

旅游时意外划伤怎么处理

旅行在外，难免意外划伤。要及时进行处理。

1 使用生理盐水冲洗伤口，喷洒酒精或涂碘伏，清除伤口污物并消毒。

2 伤口过大或出血不止，应立即将毛巾、手帕或衣物消毒后按压伤口止血。

3 涂抹抗生素药膏。

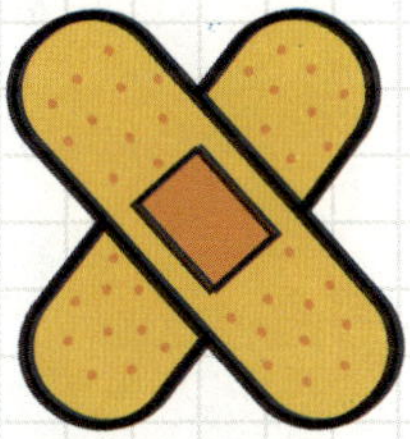

4 适当扎紧，进行冷敷，就医治疗。

5 出行前，备好碘伏、云南白药、抗生素药膏、创可贴等。

如何减轻航空旅行的不适

乘坐飞机时，我们可能产生不适感：晕机、耳朵不适、皮肤干痒、身体疲惫等，可以采取以下措施调节。

1 管理好时间，提前值机，选择合适座位，保证登机前有等待时间，放松心情。

2 出发前为皮肤保湿，穿着舒适宽松的衣物。

3 提前备好晕机药、眼罩，起飞前调整好坐姿。

4 适当伸展双腿，起身行走。

5 听音乐，看电视，深呼吸，或观赏窗外云景，转移注意力。

6 晕机时，可以服药或小憩，以缓解晕机症状。

7 耳压升高时，嚼口香糖、打哈欠可缓解不适。

8 不吸烟，补充水分，每小时喝水 200 毫升。

旅游时中暑了怎么办

我们在盛夏旅行时，环境高热高湿，加之身体疲乏，很容易中暑。这时我们可以采取以下措施。

1 感觉不适时，立即走到阴凉通风处，解开扣子散热。

2 使用湿毛巾或衣物包裹冰饮料冷敷额头、颈部、腋窝等处。

3 少量多次饮用含电解质的常温饮料。

4 如果是他人中暑昏迷晕倒，可按上述 1、2 点进行处理。

5 密切关注中暑患者的状态，查看体温、脉搏、呼吸等变化，症状严重或自己无把握处理时，要立即拨打急救电话。

6 状态恢复后，充分补充电解质。调整行程，避免炎热时段在外奔走，防止再次中暑。

小贴示

长途旅行最好搭伴相携旅行，以彼此照顾。

旅游途中防上火小妙招

旅行在外，时常要赶行程，加上作息、习惯的改变，很容易上火，所以防止上火很必要。

1 出发前计划好行程和时间，注意劳逸结合、心情平和。

2 提前备好去火茶饮清凉剂，每天冲服饮用。

3 备好衣物，防止着凉或中暑。

4 勤喝水，多吃果蔬，注意荤素搭配，忌食辛辣油腻。

旅游景点巧选择

出门旅行，选择合适的景点，不仅锻炼身体、开阔视野，还能陶冶情操，增进家人感情，让旅行更有意义。

1 考虑个人或家人的兴趣和身体、经济条件，不要勉强。

2 根据地理位置或者观赏重点，选择合适的季节和天气。

3 了解当地的人文风俗，尊重当地文化。

4 选择正规旅行社，了解服务内容和规定、费用明细等。

小贴示

最重要的是要考虑人身安全，不在网络平台搭伴旅行，谨慎和朋友结伴同游，及时和家人朋友分享旅行信息。

第九章

PART 9

节能省钱 环保妙招

浴室怎样少用水

浴室节约用水有助于省钱，减少对水资源的浪费。可以参考以下实用方法。

1 选择淋浴，不用盆浴，能大大减少用水量。

2 使用节水环保的水龙头和花洒。

3 洗漱时及时关掉水龙头。

4 缩短洗澡时间，需要冲水时再开水龙头。

5 定期检查水龙头和水管，发现漏水及时更换五金配件。

6 循环利用洗浴用水，可用来浇花和拖地。

怎样洗衣可节约用水

洗衣是用水“大户”，洗衣节水有好方法。

1 使用滚筒洗衣机。

2 洗衣前浸泡，更好去污，减少漂洗次数。

3 脏衣物可以集中一桶洗涤。

4 小件衣物建议手洗。手洗使用肥皂，避免使用洗衣粉。

5 手洗后的漂洗水可用来下次洗衣或是做家居清洁。

6 适量使用洗涤剂，以免造成水浪费。

绿化用水有学问

家庭绿化用水既要科学养护，又要讲究节约省钱。这可有点儿讲究。

1 庭院绿化用水最理想的是雨水和雪水，准备储存器皿接用雨水，可节约用水。

2 家里洗漱、淘米、洗菜及喝剩的茶水、牛奶、啤酒，都可以不经处理，或稍做发酵、稀释处理用来绿化。

3 家庭自制肥水，尽量除味稀释后使用。

4 养鱼废水特别适合用来浇灌花木。

5 自来水放置 24 小时，待氯气蒸发后再使用，让植物更安全。

电饭锅省电妙招

电饭锅使用保养得当，能够节能省电。电饭锅省电有一些小妙招。

1 避开高峰用电时间，能够省电。

2 大米淘净后清水下锅，浸泡 15 分钟再通电焖饭，能缩短煮饭时间，米饭也更香。

3 米饭做熟后断电不开盖，利用余热保温，米饭味道更好。

微波炉怎样省电

规范合理地使用、保养微波炉能够省电省钱。怎样省电呢?

1 整齐均匀地摆放食物，使其均匀受热。

2 用保鲜膜包裹食物，扎若干小孔，或给食物加带孔盖子，缩短加热时间。

3 设定好加热时间，避免对食物多次加热。

4 有硬皮的食物，先把硬皮剥掉，加热更快。

5 冰冻食物需要先解冻，某些食物可以先预热后再加热。

6 长时间不使用要拔掉电源。

小贴示

不要让微波炉无食物空转，避免损伤功能，浪费电能。

冰箱省电小技巧

冰箱省电，讲究不少。快来一起看看吧。

1 放置在通风阴凉、远离其他电器和热源的地方，和四周物品家具保持空隙。

2 冰箱内食物不宜放得太满，否则，不利于冷气流动，就会耗电快。

3 减少开门次数和时间，减少热空气进入。

4 定期给冰箱清洁除霜和消毒。注意门封胶带的清洁和保养，保证密封效果。

5 经常清理冰箱背面和底部灰尘，但是避免用湿抹布擦冷藏器和压缩机。

6 选购节能冰箱和具有分时计电、停电保鲜功能的冰箱，能够错峰用电，且不影响正常蓄冷保鲜。

7 冰箱长期不用，断电后要取出所有食品，清理干净，开门晾干除异味。

抽油烟机省电小窍门

抽油烟机省电攻略有很多让人意想不到的地方。一起了解一下吧。

1 开强风启动，再根据需要调小风量，可以省电。小风档转速慢，启动反而费电。

2 不要频繁拆洗。油烟不会进入电机，做表面清洁就可以。

3 清洁时开启强风，在风叶上喷清洁剂即可，避免擦拭风叶导致变形增加阻力而费电。

4 打开抽油烟机上的低功率照明灯，就不用打开厨房用灯。

5 抽油烟机换气范围小，不适合用来排除整间厨房异味，小材大用会费电。

怎样让空调省电

炎热的夏季大家都离不开空调，但昂贵的电费又让我们感到心疼。一起了解空调节能省钱的小妙招吧。

1 选购有节能标识的变频空调，根据房屋大小和实际需要，选择合适的空调。

2 使用时保持房间密封性。

3 选择自动模式或节能模式。

4 将温度设置在 26℃～28℃，适合睡眠的温度是 27 度左右。

5 睡觉时使用定时功能或睡眠模式。

6 避免频繁开关机。

7 热风时风口向下，冷风时风口向上，能增强效果。

8 定期关闭空调，开窗通风。

9 长时间不用时，断掉电源，清洁滤网和外机，定期护理。

怎样让电视机省电

降低电视机能耗，不仅省电，还能延长使用寿命。怎么做能让电视机省电呢？

1 选购技术先进、节能高效的电视机。

2 把电视机放置在离墙面10厘米以上的地方，确保散热。

3 调节电视机音量和屏幕亮度，降低家中灯具的亮度。

4 先开电源再开电视机。

5 看完电视，关掉电视机电源和有线电视数字机顶盒电源。

6 长时间不看电视时，断掉电源；定期清理浮尘。

家用电脑省电方法

电脑省电方法和电视省电方法比较类似。

1 选购或组装时，选择低耗能CPU、显卡、内存条等硬件。

2 使用时，调整合适的屏幕亮度，关闭屏幕保护，禁用和减少不必要的程序和服务。

3 不使用外接设备时，及时拔掉插头。

4 不用电脑时，及时关闭电源，或开启睡眠模式。

5 避免长时间使用电脑。

6 通过控制面板优化电源设置，及时调整或关闭显示器。

7 使用电池管理程序，对电池充电耗电量进行控制。

8 不使用网络时关闭网络连接。

旧衣物也有大用处

旧衣物闲置，弃之可惜。怎么办？

1 捐赠给需要的人，让它们发挥剩余价值。

2 品质好的旧衣服挂二手网，资金回流别嫌弃。

3 舒适度好的衣服，可当家居服，或改造成抹布。

过期产品还有别的用途

过期产品并非全是废品，可能有其他意想不到的用途哦。

1 咖啡和面包，放进冰箱可除异味。

2 洗发水和沐浴露可以擦地板，清洁马桶。

3 酒类可洗头、擦玻璃、清洁家具，效果很赞！

4 奶制品稀释后擦拭地板和皮鞋，可以保持光泽，此外，还能养植物。

5 可乐可以除水垢、铁锈，清洁马桶。

6 香皂放进车里和卫生间，可以清新空气。

7 茶叶泡脚抗疲劳，擦手除汗味，煮水后还能洗头洗脸。

小贴示

奶制品擦拭地板后需用清水擦干净。

怎样开车省油

驾驶油车，省油是人人关注的问题。怎样开车才能省油呢？

1 高档位行驶，保持 70 ~ 100 公里/时的速度匀速行驶最省油。

2 缓慢加速，滑行刹车。

3 冬季预热车辆 1 分钟，缓慢行驶一段后再加速。

4 经常检查胎压，及时充气。

5 长时间等灯挂 P 档。

6 提前导航，规划路线，避免绕路。

7 合理使用空调和车内电器。

8 给轿车减重，减少车上不必要物品的存放。

9 定期检查和保养。

小贴示

一切以安全为第一前提。

旅游购物不陷入诈骗陷阱

出门旅行，想买伴手礼或纪念品带回家，要谨防陷入诈骗陷阱。

1 打折优惠不心急，了解清楚再付钱。

2 做好攻略，咨询景点票务处门票信息，注意对司机、路人的推荐进行甄别。

3 选择正规旅行社，仔细阅读服务条款和行程、住宿等明细。

4 慎重选择低价团，避免强制消费。

5 对高价纪念品、保健品保持警惕。

6 了解退货政策，保存购物凭证。

7 拒绝以旅游为名义的保险和理财投资。

牙膏巧用方法多

牙膏不仅能清洁牙齿，还有其他巧妙用途，一起了解一下吧。

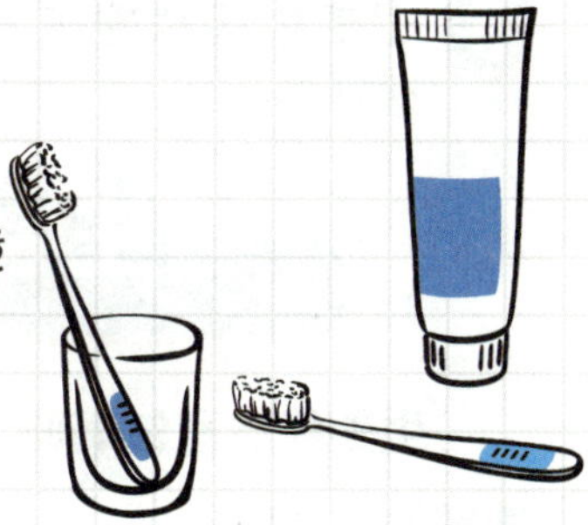

1 清洗小白鞋，亮洁又便捷。

2 清洁不锈钢器皿、茶壶、水杯、玻璃镜面和银器上的污渍。

3 清洁钢笔字以及门墙、布艺上的涂鸦。

4 均匀涂脚，杀菌除脚臭。

5 缓解烫伤和皲裂，止痛防感染。

6 清理肉、鱼等生鲜后，用牙膏洗手可除腥味。

7 旅途晕车、头痛，太阳穴上涂牙膏可镇痛醒脑。

毛巾巧用方法多

毛巾除了擦脸和身体、做抹布外，还有其他妙用哦。

1 毛巾热敷不仅能降温，还能缓解用眼疲劳、头晕和头痛。

2 煤气罐喷嘴失火，用湿毛巾灭火，再关阀门。

3 火灾时，湿毛巾堵塞房门缝隙可暂缓浓烟进入；堵住口鼻可短时自我保护；结绳下滑时，手掌缠湿毛巾可保护手掌。红色毛巾可作为求救信号。

4 利用毛巾做健身操。

5 湿毛巾温敷呢绒大衣再反复拍打，可除尘。

生姜巧用方法多

生姜能做烹饪调味，也能做个小医生。它可不仅只有驱寒暖身防感冒的效果哦。

1 晨起出门含姜片，提神醒脑，增强抵抗力。

2 着凉腹痛腹胀，姜片敷肚脐，顺气散寒。

3 生姜碎和姜汁混合芋头泥做膏药，缓解关节骨痛。

4 生姜驱除身体湿气，促食欲，缓胃寒。

5 姜汤混合白糖泡手，防治冻疮。

6 姜汤混合啤酒，去头屑，保健头皮。

7 姜汤含服，缓解口腔溃疡，消除肿痛。

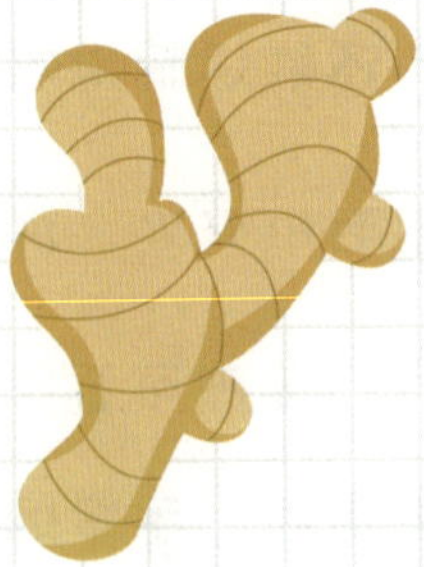

柠檬不仅能榨汁，还有各种用处

柠檬不仅能榨汁，还有其他妙用。

1 煮果酱加入柠檬皮，能使果酱更香。

2 柠檬水稀释洗脸，增白肌肤。

3 柠檬片除冰箱异味。

4 柠檬煮水，除口臭，清新室内空气。

5 柠檬皮混合咖啡渣，可驱蚊虫。

6 柠檬果肉擦手，肌肤细腻颜色好。

7 柠檬精油混合小苏打和醋成为多效清洁剂，可用于厨卫器具和地面清洁。

小苏打作用广

小苏打不仅能做馒头、饼干和蛋糕，还有其他妙用哦。

1 小苏打泡水，可以清洗果蔬，清杂质，除农药残留。

2 小苏打泡温水，可以刷碗洗头发，清洗毛绒玩具，还可清洁厨卫用具，去除衣物污渍，清洁牙齿。

3 腋下涂抹小苏打，可以减少汗液分泌，缓解腋臭。

4 小苏打可以缓解蜂虫叮咬导致的瘙痒。

5 投放适量小苏打到洗澡水中，清洁皮肤，缓解过敏。

6 小苏打混合温水倒入喷雾瓶，喷洒去除宠物尿味。

各种省钱小妙招

挣钱不容易，但总有适合自己的省钱小妙招。

1 经济状况不允许的情况下，不建议养宠物。

2 规划预算和支出，执行储蓄计划，减免不必要的消费。

3 自己做饭，确定好实际需求，多省钱，少浪费。

4 关注二手平台和闲置物品买卖群。

5 自制礼物，省钱有诚意。

6 精简人际关系，退出无效社交。

7 时间允许的情况下，出门选择坐公交或步行。